ZUI最心灵

XINLING 醉心灵

女人心扉

Nüren Xinfei

汪建民◎著

贴心的励志读本，获得心灵的滋养
让你放开脚步，一路向前

吉林出版集团有限责任公司

图书在版编目（CIP）数据

女人心扉 / 汪建民著. -- 长春：吉林出版集团有
限责任公司，2015.11
　　（最心灵　醉心灵）
　　ISBN 978-7-5534-9231-5

　　Ⅰ．①女…　Ⅱ．①汪…　Ⅲ．①散文集－中国－当代
Ⅳ．①I267

中国版本图书馆CIP数据核字（2015）第262382号

女人心扉

著　　者	汪建民
责任编辑	王　平　齐　琳
封面设计	宋双成
开　　本	710毫米×1000毫米　1/16
字　　数	216千字
印　　张	16
版　　次	2015年12月第1版
印　　次	2015年12月第1次印刷

出　　版	吉林出版集团有限责任公司
电　　话	总编办：010-63109269
	发行部：010-67290259
印　　刷	北京楠萍印刷有限公司

ISBN 978-7-5534-9231-5　　　　　　　定价：36.00元

前　言

女人，再美好的容颜，经历过岁月的沧桑之后，也会留下深深的痕迹；女人，再窈窕的身姿，经历过世事的变迁之后，也会蹉跎为曼妙美好的曾经。经历沧桑岁月、世事变迁，能够永恒的就是女人的心。女人在不断沉浮中，保持一颗坚强而乐观的心，身上才会永远散发出动人的魅力。

冰心曾说："世界上若没有女人，这世界至少要失去十分之五的真、十分之六的善、十分之七的美。"可见，女人在社会中的重要。细想现在女人的身上几乎汇聚了所有美好的词汇：优雅、智慧、温柔、美丽……

女人有很多种，漂亮的不漂亮的，聪明的不聪明的，或温柔似水或泼辣强悍，或善解人意或不明事理，或千娇百媚，或刻板呆滞，不解风情，林林总总，不一而足。人们常说：女人如花。张扬的女子像玫瑰，美艳芬芳，却浑身长满了刺，让艳羡她的美丽的人，一边在心中仰慕不止，一边又惴惴然怕被刺伤；清新素雅的女子像百合，洁白无瑕，让观者不忍靠近，生怕唐突了佳人；温柔贤惠的女子如康乃馨，含苞待放时温润优雅，盛开时从容自在……百样女人有百样美，每个女人都是一朵花。只是，花从容，而人，多有情欲嗔痴。

有一个故事是这样讲的：

一位尼姑非常喜爱兰花，在平日弘法讲经之余，喜欢栽种兰花。有一天，她要外出化缘，临行前将兰花托付给小尼姑们照顾。

弟子们细心地照顾兰花。然而，有一天一位弟子不小心将兰花架碰倒了，所有的兰花盆都打碎了，兰花满地。尽管弟子小心翼翼地收拾，但是依旧有一些兰花死掉了。

尼姑回来后，弟子们忙去道歉，而尼姑不但没有责怪她，反而说道："我种兰花，一来是希望用来供佛；二来也是为了美化寺里环境，不是为了生气而种兰花的。"

是啊，我们本着快乐而做一件事，为什么当出现事故的时候要生气呢，这不是违背了快乐的本意么？女人，想要快乐幸福，就不要为打翻的牛奶而哭泣。

本书主要从摆正心态、处世有方、感恩雨露、笑对挫折、把握情绪、追求爱情、持家有道、积累人脉、把握自己这几方面来开导女人，丰富女人的思想，引导女人打开心扉，做一个幸福、快乐、成功的女人。

目 录

第一章 淡然做自己，平和心灵

17世纪的英国作家约翰·弥尔顿说："心，是你活动的天地，你可以把地狱变成天国，亦可以把天国变成地狱。"因此当代女人要有一份好心态。因为好心态的女人最好命，让我们从改变心态开始，运用好心态的力量，造就属于自己的好命运。

第二章　灵活会处世，机智心灵

处世是一门社会学问，它不仅体现一个女人的智慧和修养，更重要的是会决定一个人的前途和命运。会处世的女人像陈年老窖，散发着醉人的清香，拥有迷人的魅力。

第三章　关爱在人间，温暖心灵

平静地看待生活，然后把温暖带给别人，同时传递温暖，世界因互相关爱而处处充满幸福。女人，拥有一颗关爱他人的心，才能让自己的生活更有意义，才能让自己的生命更加饱满。

第四章　风雨中奔跑，刚毅心灵

未经历坎坷泥泞的路途，哪能知道阳光大道的可贵；未经历风雪交加的黑夜，哪能体会风和日丽的可爱；未经历挫折和磨难的考验，怎能体会到胜利和成功的喜悦。挫折是人生的一笔宝贵财富，只有笑对挫折的女人才会拥有战胜挫折的积极心态，拥有绚丽的人生。

第五章　保持好情绪，释放心灵

女人的一生就像大自然一样变幻莫测：有晴朗，有阴霾；有春风拂面，有寒风刺骨；有明亮天空，有夜色深沉；有万里无云，有雪雨冰霜，没有人能每天每时每刻都快乐。当女人遇到不快乐的时候，要学会调整自己的情绪，修身养心，培养好情绪，做美丽女人。

第六章　追求真爱情，滋润心灵

爱情是什么？没有人能定义它，它是那么美妙，又抽象得不可触摸。为爱而生的女人，把爱情看得比生命还重，面对爱的人，她们不求什么，只需要两个人心有灵犀。美好的爱情可以让女人更加美丽，但要想拥有美好的爱情，就要学会理解爱，付出爱，守护爱。

第七章　婚姻幸福花，绽放心灵

婚姻可以让一个女人世俗，也可以让一个女人雅致。幸福的婚姻，让女人心情舒畅，芳香四溢；不幸的婚姻则让女人孤独心伤，凄风冷雨。但是，婚姻的幸福与否不在于哪个人的命好，哪个人的命不好。婚姻需要经营，女人学会把握婚姻，就等于抓住了幸福的红线。

第八章　修炼好人缘，经营心灵

人脉资源是一种潜在的无形资产，是一种潜在的财富。在我们身边，不乏这样的女性，她们看上去并不出众，但办起事来都能顺风顺水。这是因为她们了解人脉的重要性。丰富的人脉，是一个强大的能量场，能为女人带来更多的回报。

第九章　走自己的路，洗涤心灵

走自己的路，做独立女人。独立的女人像一颗四季常青的松柏，无论什么境地，都可以保持自己的本色。独立的女人，自己掌握自己的命运，在自己的人生道路上，有着自己的目标，她们知道坚持不懈，不媚俗，不堕落，一路朝着阳光最灿烂的地方，自由奔跑，冲向成功与幸福。

第一章
淡然做自己，平和心灵

　　17世纪的英国作家约翰·弥尔顿说："心，是你活动的天地，你可以把地狱变成天国，亦可以把天国变成地狱。"因此当代女人要有一份好心态。因为好心态的女人最好命，让我们从改变心态开始，运用好心态的力量，造就属于自己的好命运。

多愁善感不如坚强淡然

曾经有一位多愁善感的女人卧病在床。

一天，她听说邻居病故了，那撕心裂肺的哭声让她忍不住百感交集，泪流满面。

在家照顾她的母亲等她止住哭声后，给她讲了一个故事：

著名画家黄永玉在北京作画时，曾来到自己的一间搁置了许多年的房子。那间屋子四壁一扇窗户都没有，一走进去就有种压抑的憋闷感。然而，黄永玉并没有厌弃这间小屋。他笑呵呵地拿出一张洁白的画纸贴在墙上，然后信手在上面画了一扇窗户，画得如同真窗。他顿时便感觉屋外的阳光像流水一样涌入小屋，屋内的一切立刻显得无比生动。

母亲说完后推开窗户，结果她看见一户人家正在举办婚礼，喜庆的气氛慢慢感染了她，她禁不住露出了难得的笑容。

于是，母亲语重心长地对她说："孩子，人生有悲也有喜，痛苦并不是生活的全部。'心窗'没有打开的时候，就会感到憋闷。只有在心里每天为自己敞开一扇窗，才能看到多彩的世界，才能走出生活的阴影。"

她在黑暗中想了一夜，明白了这样一个道理：女人的一生应该学会珍惜和掌握自己的命运，做个坚强的女人。画一扇窗给自己，可以让希望再生，让一切还没来得及实现的梦想在心灵的窗前翩然翻飞。

下面，我们看看贝蒂的故事。

贝蒂是一家化妆品公司总经理，她的心情从来不会太糟，快乐是她生活的主旋律。当有人问她近况如何时，她总是回答："我快乐无比。"

如果哪位员工心情不好，她就会告诉对方要乐观对待生活，要去看事物的正面。她说："每天早上，我一醒来就对自己说，贝蒂，你今天有两种选择，你可以选择心情愉快，也可以选择心情不好，我选择心情愉快。每次有坏事情发生，我可以选择成为一个受害者，也可以选择从中学些东西，我选择后者。人生就是选择，而选择权在自己手里。归根结底，你自己选择如何面对人生。"

有一天，她在车库门前，被三个持枪的歹徒拦住了。尽管歹徒抢走了她身上一切值钱的东西，但他们还是没放过她，残忍地朝她开了枪。

幸运的是有人及时地发现了贝蒂，并把她送进了急诊室。经过6个小时的紧急抢救和一个月的精心治疗，贝蒂出院了，除了身上留了几块伤疤外，她的身体恢复得不错，没有别的后遗症。

3个月后，她的一位朋友见到了她。朋友问她近况如何，她说："我快乐无比。想不想看看我的伤疤？"朋友看了伤疤，然后问她当时是怎么想的。贝蒂说："当我躺在地上时，我对自己说有两个选择：一是死，一是活。我选择了活。医护人员都很好，她们告诉我，我会好的。但在她们把我推进急诊室后，还清醒的我从她们的眼中读到了'她是个死人'。我知道我需要采取一些行动。""你采取了什么行动？"朋友问。

贝蒂说："有个护士大声问我有没有对什么东西过敏。我马上答'有的'。这时，所有的医生、护士都停下来等我说下去。我深深吸了两口气，然后忍着剧痛大声说道：'子弹！'在一片大笑声中，我又说道：'请把我当活人来医，而不是死人'。"

贝蒂就这样活下来了。

心灵感悟：

漫漫人生长路，不会一帆风顺，坎坷是每个女人的必经之路。我们不能选择困难坎坷，但我们可以选择面对困难坎坷的态度。快乐的女人，不是她的生活里没有困难和挫折，而是她选择了一种乐观的人生态

度。女人，应该给自己的心灵打开一扇窗，纵然人生之路风雨不断，只有打开心窗，坦然面对风雨，你才能看到雨后彩虹。打开心扉，拥有积极乐观的心态，你才能发现世界的美丽，你的眼界也会越来越开阔，你也会越来越自信，你就能迎向人间的温暖，走出压抑的困境。

仰起头就是阳光

一个女人的两个女儿各开一个小店，大女儿卖伞，小女儿卖遮阳帽，自两个女儿小店开张后，这个女人就没有开心过，整天神情抑郁地呆坐在门前，一脸晦气。

一天，她的朋友路过她家，便主动上前问："朋友，您怎么了？是身体不舒服吗？"

"我烦啊！"女人神情沮丧地说："晴天，我卖伞的大女儿生意不好，我烦；雨天呢，我卖遮阳帽的小女儿生意不好，我也烦。"

"你怎么会这样想呢？你应该高兴才对呀！"她的朋友说。

"别来逗我了，"这女人显然生气了："到别的地方寻开心去，我才没有你那样的心情！说出这样的话，我真想知道你到底是不是我的朋友。"

"你听我说完再否定我好不好，"朋友诚恳地说："晴天，你的小女儿卖帽子不是很好吗？而雨天，你大女儿卖伞是不是卖得很快？因此，您应该高兴呀。"

"对呀！"这女人豁然开朗："为什么我以前没有这样想呢？"阿姆斯特丹有一座15世纪的老教堂，在它的废墟上留有一行字：事情既然如此，就不会另有他样。在漫长的岁月中，女人一定会碰到一些令人不愉快的情况，它们既是这样，就不可能是他样。女人要乐于接受必然发生的情况，接受所发生的事实，这是克服消极思想的第一步。

要是女人遇到一些不可改变的事实就一味退缩，或是消极否认，为它难过，也不可能改变这些事实，能做的只是改变自己。

一个女人有一个最爱的人——她的侄儿。因为侄儿是她像亲儿子一样从小带大的。一次偶然，侄儿出了意外。那一天，女人接到一封电报，说她的侄儿已经永远不在了。

她悲伤得无以复加。除了这个侄儿，她没有子女。在这件事发生以前，她一直觉得生命是那么美好，有一份自己喜欢的工作，有一个心爱的侄儿。而现在，她的整个世界都粉碎了，觉得再也没有活下去的理由了。她开始忽视自己的工作，忽视朋友，内心冷淡又充满怨恨。

她决定放弃工作，离开家乡，把自己藏在眼泪和悲伤之中。

就在她清理桌子、准备辞职的时候，突然看到一封侄儿以前写给她的信，上面有这样一段话："我永远也不会忘记那些您教我的真理：不论活在哪里，不论我们分离得有多么远，我永远都会记得你教我要微笑，要像一个男子汉一样承受所发生的一切。"

她把那封信读了一遍又一遍，觉得侄儿就在她的身边，正在同她说话："你为什么不照你教给我的办法去做呢？撑下去，无论发生什么事情，把你个人的悲伤藏在微笑底下，继续过下去。"

于是，她重新回到工作岗位，不再对人冷淡无礼。她一再对自己说："事情到了这个地步，我没有能力去改变它，但我可以接受它。"

心灵感悟：

女人的一生总要经历或多或少的坎坷，没有波澜的人生不足以称为丰富的人生。祸兮福所倚，天底下没有绝对的好事和绝对的坏事，有的只是你如何选择面对事情的态度。如果你凡事皆抱着消极的心态来对待，那么就算你身边都是幸福，你也是看不到的。女

人，要想活得开心，就要积极地看待生活中的不如意，只要坚持相信美好，你就一定会获得幸福的生活。

幸福来源于知足

有一个女人，她很漂亮，有很多男人追求她，但她却喜欢上了平凡的教师。狂热的恋爱，终于带着他们走上了红地毯。丈夫对她宠爱有加，几乎包揽了所有的家务。同时，对她的任性和坏脾气也都包容着，因为他爱她。

日子很平常地过着，有了孩子后，家庭经济明显下降，他们的工资除了养孩子、交房子贷款，仅够维持正常的生活。女人再也没有多余的钱买化妆品和时装，也没有多余的钱去维持从前的浪漫。

她的心里渐渐滋生了不满，看到别的女同学住房越来越宽，衣服越来越时髦，她的虚荣心便渐渐滋长了，她想凭自己年轻和美貌应该享受比她们还要好的生活。于是，她借来了同学的衣服和提包，把自己打扮得很光鲜，开着同学的小轿车，来到了舞厅。

在那里，她认识了一位做大生意的南方老板。于是，她的生活彻底改变了。每天出入高级宾馆，高档时装一天一换，吃西餐、打高尔夫、开宝马……她觉得这样的日子，才是自己希望得到的。邻居们见了，也都夸她时髦美丽了。出身贫穷家庭的她虚荣心得到了满足。

丈夫知道后，没有吵闹，只是暗示她，只有知足的人才能得到幸福。她却叫嚷道："这么乏味的生活有什么值得留恋的？"她扔给丈夫一纸离婚书便破门而出，搬到了大款为她买的别墅。

几天后，女人高烧厉害到不能为自己倒杯水时，给大款打电话，大款回答："我正在开会，你自己打个车吧，去最好的医院，费用我全报。"在车上，的哥问她："你病得这么厉害，都没人陪你吗，谁这么狠心？"她扭过头去，感觉到有一种被忽略的彻骨的寒心。

后来，大款因为生意飞往广州，尽管她望穿秋水，但音讯全无。这样不明身份的生活给她带来了很大压力。没想到的是：一年不到，银行却来收别墅了，原来大款的贷款资不抵债。她想回头去找丈夫，不成想丈夫早已有了一个新家。

一昧地追求物质生活，不知道满足的人，终会为自己的贪婪付出代价。每个人都有自己的不幸，每个人也有自己的幸福。女人容易看到的往往是别人的幸福，并因此而心理失衡。其实知足才能常乐，只要你珍惜你拥有的，你就会活得安然。

辛迪娜是欧洲著名的女高音歌手。一次演唱会之后，她和丈夫、儿子一起刚走出剧场，成了众人的焦点。

人们宠爱她，喜欢她，羡慕她，其实这并不奇怪。她刚大学毕业，就进了国家歌剧院，担任重要演员，她有着高超的歌唱天赋，25岁时就跻身世界十大女高音之列，刚30岁就红遍全球，而且她还嫁了一个事业成功、腰缠万贯的丈夫。

大家看到她的孩子后，更赞叹她居然有一个如此俊俏可爱的儿子……

辛迪娜听后，微微一笑："谢谢大家对我及家人的关心，我十分愿意在这方面和大家一起分享快乐。只是你们有所不知，我的儿子，不幸在五岁那年丧失了听力；而他的姐姐，则是一个需要被长年关在房间里的精神分裂症患者。"

人们听后大惊失色，面面相觑，不知道应该说什么好。

辛迪娜又心平气和地说："其实，这并没有什么，我很满足。生活的缺陷是在所难免的，虽然我的孩子残疾，但这并不妨碍我在他们身上找到快乐，你们看，我的儿子不是很可爱的吗？他的聪明是一般人不能比的。再者，我们的家庭和睦、幸福，还被誉为'美好家庭'呢！"

人们陷入了无言的沉思中。

心灵感悟：

　　金钱可以买来许多东西，却买不来最真挚的感情。女人常常羡慕别人，羡慕别人的财富、家庭、名誉，总会抱怨自己生活的平凡、乏味，殊不知，自己拥有的也许正是别人羡慕的。珍惜已经拥有的幸福，也许它只是一杯白开水，却对我们的生命起着至关重要的作用。家家有本难念的经，有钱人有有钱的苦恼，穷人也有穷人的快乐，女人要记住，知足者常乐！

只有快乐的心才能穿越风雨

　　1997年初，刚过不惑之年的陈红遭遇到了下岗的命运。突然失去了衣食无忧的"铁饭碗"，她觉得很没面子，像一下子生活在黑暗里，看不见一点生活的光亮，也拒绝别人为她帮忙。

　　这年冬天，做美术老师的好友来看她，见她还是呆坐在床上而且门窗紧闭，与外面明亮的阳光相比，屋里很压抑，便顺手推开了窗户，明亮的阳光一下子照进了屋。多年来，她习惯了关窗户，根本不知道自己的屋子还能这么明亮。好友语重心长地说："你生活在没有阳光的房间不压抑吗？走，我领你出去转转，把你心上的窗户也打开。"接着，好友领她去看了同乡创业的张老板。

　　那次与张老板的接触给她很大震动。一个大字不识、在城里无亲无友的人硬是靠卖凉皮摆地摊起步，发展到拥有40多名工人的凉皮批发商，有文化的自己跟人家比起来真是天壤之别。痛定思痛后，她不再寄希望于铁饭碗，决定寻找自食其力的门路，实现自己的人生价值。

　　1997年9月，她多方筹集2000元购买了毛衣编织机。一个月后。织出的毛线衬裤规格齐全，花式多样，价格便宜，小小编织店的名气一下在县城传开了，生意越来越红火。

因为毛线编织技术含量低。两年后，小编织店便如雨后春笋般地冒了出来。陈红的生意也越来越不景气。这时她不再抱怨叹气，而是主动放弃了编织市场，走南闯北，经过市场调研后，办起了全市第一家涂料厂。她不再满足于配制现成的涂料，而是高薪聘请技术员，开发出了填补国家空白的专利产品。现在的陈红早已走出了心情的低谷，每天快乐自信地生活着。虽然有时要面对比以前更大的压力，但陈红是快乐的，因为，她的心是敞开的，她的眼前是光明的。

女人只有拥有一颗快乐的心，才能从容穿越生活的风雨。

丽丽原本是一个娇生惯养的小姐，在家里几乎没有做过什么家务事。跟着老公到了北美以后，除上学之外，还要靠打工谋生，在餐馆送外卖，干又苦又累的活，她竟一声不吭地坚持了下来。而且，在她疲惫的眼神中，依然流淌着快乐，她的脸上依然有着阳光般的微笑。因为她相信这只是暂时的。

过了几年，丽丽拿到了学位，摇身一变成了著名大公司的高薪白领，穿着职业装漂亮又精神，和老公买了房子和车，每年度假四处逍遥，尽情享受生活，与几年前一样的是她脸上依然荡漾着微笑，以及保持着快乐的心。对于那几年艰苦的岁月，她没有埋怨；对于富足的生活，她快乐知足。

丽丽说："只要我能笑，就永远不会贫穷。这也是天赋，我不再浪费它。只有在笑声和快乐中，我才能享受到劳动的果实。如果不这样，我会失败，因为快乐是提味的美酒佳酿。要想享受成功，必须先有快乐，而笑声便是那伴娘。"

心灵感悟：

　　人生欢喜多少事，笑看天下几多愁。聪明的女人，脸上永远不会失去笑容，不管她是成功或失败，是顺境或逆境。笑对人生，淡

然生存，不是消极避世，而坚信自己的努力一定会有回报，雨后一定能见彩虹。智慧女人都有一个良好的心态和泰山崩于前而色不变的镇静，做智慧女人，才能打造成功人生。

点燃一盏心灯，拒绝诱惑

一个尼姑，身处青山白云之间，早晚吃斋，礼佛念经，谁知经念得越多，心中的杂念越多。她去找师父帮忙。师父说："点一盏灯，让它不仅能照亮你，而且不会留下你的身影。"

数十年过去了，有一所万灯庵远近闻名，因为里面的住持每做一项功德，就会点一盏灯。那位住持就是当年的小尼姑。然而，她并不快乐，因为她发现无论把灯放于何处，都能照见自己的影子，而且灯越亮，影子越多。她为不能实现师父的话而感到不安。

临终前，她终于在黑暗的禅房里顿悟：原来做的功德再多、灯再亮，都能照见身后的影子，唯有一种方法，能让自己皎然澄澈——点一盏心灯。这盏心灯才是师父说的那盏灯。它能照亮自己的前程，而又不会给自己带来诱惑。

人生的质量高低，归根结底取决于自己。女人要学会为自己点一盏心灯，时刻关注自己，享受自己，完善自己，以至于超越自己，这才是女人心灵最好的归宿。

有这样一个寓言故事：

狐狸与狼是死对头，在动物的王国中，它们一直明争暗斗，渴望更高的位置和权力。但是狼被提拔了，而狐狸什么也没有得到。怎么样能搞掉狼呢？狐狸苦思冥想，终于想出一条计策。

狐狸去拜见狼，诚恳地说："狼大哥，过去我有对不住你的地方，是我错了，你一定要原谅我呀。"

狼见狐狸登门认错，心里得意，摆出大仁大义的样子说："没什么，过去的事情别提了，咱们团结一致向前看。"

狐狸与狼倾心长谈，并积极为狼出谋划策，临走时，非要留下点小礼品不可。狼觉得不能太不给狐狸面子，就收下了，反正狐狸也没有什么要求。

狐狸以后经常来走动，每次来都带些礼品，不轻不重，狼渐渐地也就习以为常了。

有一天，狐狸对狼说："现在羊和猪在争一块草地，羊和我关系不错，你看能不能帮羊说句话？"

这件事狼是知道的，不是什么大事，就替狐狸办了。之后，狐狸拿了更多的礼品来感谢。

长此以往，狐狸求狼办的事也越来越多，当然礼品也越来越多，不知不觉中，超过狼的原则和范围也越来越远。

终于有一次，狐狸让狼办一件很危险的事，许诺事成之后定有重谢。狼不干。狐狸就取出一个小本，上面记着狼每次受贿的时间、事由等，各种证据都有，这些足以毁掉狼的前程。不得已，狼答应再帮这一次忙，下不为例。

可是，下一次再没有了，狼东窗事发，被关进了动物监狱。

生活中与之相似的场景何其多。为了不该得的金钱，有些女人伸出了贪婪的手；为了一份荣誉，有些女人"奋不顾身"；为了一点权力，有些女人不惜一切地追逐。然而，没有了心中那盏明亮的灯，女人注定要陷入灵魂的黑暗中。

还有一个令人深思的故事：

雪白的莲花以其无可挑剔的美丽，让小女孩下定了决心要把它摘到手。手伸过去，差一点；探身过去，还差一点；再慢慢地往水里挪动一下，小女

孩的手指刚刚触到莲花的一瓣。就差那么一点点了。

小女孩当时一定这么想，她又往前探了一下身子，她瞬间被水淹没。当有人听见她最后的呼救赶过来的时候，水面已经恢复了平静，连点涟漪都没有，而莲花依旧。

小女孩就这样永远地消失了。诱惑她走向死亡的不是那朵雪白美丽的莲花，而是她自己，是她想要得到莲花的念头。

心灵感悟：

　　女人的一生会面对很多诱惑，诱惑是个美丽的陷阱，落入其中的女人必将受到伤害；诱惑是枚糖衣炮弹，分辨能力不清的女人必将被击中；诱惑还是一种致命的病毒，会入侵没有免疫力女人的大脑。在诱惑面前，女人只有保持清醒的头脑，才能走上一条光明的道路。

逆风而上，阻力无穷

一位少妇，因为受了一些挫折而变得非常忧郁、消沉。有一次她去边散步，碰巧遇到以前的一位朋友，这位先生正好是一位心理医生。

于是少妇就向这位医生朋友诉说她在生活、社会及爱情中所遭遇的种种烦恼，希望朋友能帮她解脱痛苦，斩断生命的烦恼。

安静沉默的医生朋友，似乎没听这位少妇的诉说，因为他的眼睛总是眺望着远方的大海，等到少妇停止了说话，他自言自语地说："这帆船遇到满帆的风，行走得好快呀！"

少妇就转过头看海，看到一艘帆船正乘风破浪前进，但随即又转回去了；她为一生的烦恼、爱情的坎坷、社会的弊病、个人的前途等问题已经纠结得快发疯了，哪有什么心思看帆船，她继续滔滔不绝地抱怨着……

可医生朋友还是刚才那副模样，依然眺望着海中的帆船，自言自语地说："你还是想想办法，停止那艘行驶的帆船吧！"

说完，就转身离开了。

少妇感到非常茫然，她的问题没有得到任何解答，只好回家了。过了几天，她突然似有所悟，于是主动去找那位朋友了。一进门她就躺在地上，两脚竖起，用左脚脚趾扯开右脚的裤管，形状正像一艘满风的帆船。

医生朋友有点惊讶，接着就会心地笑了，随手打开阳台上的窗户，望着远处的山对少妇说："你能让那座山行走吗？"

少妇没有答话，站起来在室内走了三四步，然后坐下来，向医生朋友道谢，接着就离开了；走时神采奕奕，完全不见了当初的消沉、颓废。

事实上医生朋友并没有回答少妇的问题，是少妇自己顿悟了，是她自己找到了问题答案。

心灵感悟：

　　女人，像航行在大海上的帆船，会遇上大风、会遇上大浪，如果女人不及时停下前行，就会被风浪掀翻。生活中，女人要内心强大起来，淡看风雨，相信自己，努力让自己活得更好，生活才能一帆风顺。

明珠，浊淤泥而愈加闪耀

忆，家境不是太好，大学一毕业之后，就很快到一家南方的小公司上班，薪水不高，但是忆很知足；生活过得很简约，舍不得买贵重品，但是忆

毫无怨言。因为她可以开始给父母减轻负担了。

她不算漂亮，但是有着清新纯净的容颜；瘦瘦弱弱的身体，让人有疼惜她的冲动。忆不算张扬，一直很认真地做事。和她一起来公司的小姐妹，都因为这样那样的事情和公司里的领导搞起了关系，从此都变得艳丽无比，比较着谁攀的花枝高。渐渐地，那些同事变得谈吐很优雅。当她们发现身边的那个她还是一副学生样的时候就纷纷嘲笑她。很快，她便成了被忽略大家的一个人。但是忆，觉得自己就是自己，不像她们，为了金钱、地位出卖身体和青春。

经理凯瑞被调到这家分公司。他注意到这个被人忽视的忆，他注意到了别的女孩子都是很时尚前卫，唯有忆，看得出很节俭，但是简单，素雅，淡妆，清丽。一问，已经毕业几年了，可身上的那种气息却还没有褪掉。

对忆表现出极大的兴趣。随后，他便展开了猛烈的攻势，想要俘虏她，在这个发达的南方城市，钱是最好的工具。凯瑞开始买各样的礼物，甚至愿意拿钱给她贴补家用。所有的女孩都说这是修来的福分，但是忆丝毫不为所动，还很礼貌地对凯瑞，我不能接受你的好意。

凯瑞很沮丧，也很好奇。他从来没有见过这样的女孩子，于是暗中跟踪忆，发现了忆不同的生活习惯：她几乎没有出去逛过街，也几乎一个季节都穿着同一套衣服；她不会去泡吧，但是经常会见到她去书店看书。

不逛街、不泡吧的女孩子已是很少见，在这个年代居然还有人去泡书店？凯瑞觉得见到奇迹了，心里忽然多出了一丝丝不曾有的感情。于是，他深深地爱上了她。几年后，忆终于被凯瑞打动，并嫁给了他。

结婚的时候，凯瑞想起了当初，就问忆："我追你的时候，你为什么会那么做呢？如果是别的女孩早就接受了。"忆淡然地说："小时候，妈妈告诉我，做个女孩子，一定要像明珠一样，混于泥土而依然光洁明亮。"

心灵感悟：

　　明珠一般的女子，有一颗明亮的心，能够辨别生活中的诱惑，保持自身的独立，不随波逐流，这颗金子般高洁的心，会吸引到真正美好的事物。做一个明珠一般的女子，淡然看待物质诱惑，让自己成为人世间的一缕清泉，滋润别人，也滋润自己。

美丽，从心出发

　　岁月如梭，时光飞逝，转眼又到了三月。去年的三月我从一名"准妈妈"升格为一名真正的母亲，开始步入这温馨而愉悦的育儿阶段，体会这个阶段带给自己的累并快乐着的人生感受。正因为如此，所以一到三月的时候就倍感亲切。

　　如今身份有所转变，当看到这个"做什么的女人最幸福"的话题时，自然会感慨万千，对于幸福的女人的含义就有了更深层的理解与诠释。女人一生中在不同人生阶段和不同的场合扮演不同的角色，承载不同的责任。在父母面前我们是女儿，要承担孝敬老人的责任；在公婆面前我们是媳妇，家庭是否和睦这个角色很重要；在老公面前充当妻子的角色，要与爱人一同面对和分享人生中的酸甜苦辣；在宝宝面前我们要充当最重要的角色—母亲，我们要给予他们全身心的爱并为他们营造最舒心和和谐的成长空间，陪伴他们茁壮成长；在职场里，我们要充当一名员工，在现有的工作岗位中实现自己的理想，时刻不断充实自己，提高自己的学识和工作技能，做一名称职的优秀员工；除此之外，我们还要注重自己的保养，每天把自己打扮得漂漂亮亮，给家人和同事一种神采奕奕的精神状态等。细细想想，做为一个女人想演绎好每一个角色真是不容易啊，正所谓"做女人难，做一个十全十美的女人更难"。

我认识一个女性领导，虽年过5旬但每天上班依然精神饱满，比我们这些年轻女性的穿着打扮都时尚和新潮，每天都给人一种很光鲜的感觉，让我们这些年轻人都自叹不如。一问才了解其中的奥妙，她说："其实女人漂亮不漂亮并不重要，主要是有一个好心态，不要怨天尤人，要坦然面对自己拥有的一切。看我虽然长得不漂亮，没有拥有天生丽质，但我懂得打扮，依然会把自己装扮得很时尚，每天会穿漂亮的衣服，给人一种很自信的感觉，无形中也给自己增加了底气。每天听着别人夸奖自己的衣着如何如何的时候，也会有幸福感"。看着领导滔滔不绝地述说，谁能说此时的她不是一个快乐而幸福的女人呢。

每天清晨上班的路上，都会经过一个水果店。老板娘是一个热情而勤快的人，生意不忙碌的时候会看到她不断地用干净的抹布去擦拭摆放在店外面的水果，很用心地把凌乱的水果摆放整齐，不厌其烦地一遍遍地擦拭着水果外面的灰尘，把每一个水果都擦拭得很光鲜，给人一种干净清爽的感觉，可想而知，生意自然很火。每当看到老板娘认真摆放和擦拭水果的时候，我就会想，无论做什么事情，处于什么角色，只要自己足够用心和用力，就会感觉很快乐和幸福吧。

如今的我刚过而立之年，人过三十之后，自然而然就会处在各种角色中，也会感觉在各种角色中有些力不从心。在女领导和老板娘的影响下，我也学会了换一种思维和观念去面对自己的生活。与其在各种角色中疲于奔命，不如拥有一个良好的心态，即使你不够漂亮，即使你没有很好的房子和车子，即使你没有拥有别人都拥有的东西和物质，但你依然可以很幸福。正所谓幸福与否完全取决于你的一念之间，只要在每个角色里好好地扮演这个角色，上班时做工作上的事，下班后处理家庭里的事，懂得合理地安排和取舍，坦然面对生活赋予自己的一切幸与不幸，你就会成为一个幸福的女人。当你感觉到自己幸福了，就会把这种快乐的状态带给身边的家人和亲朋好友，让大家都变得愉悦起来，我想这就是我一直追求和向往的生活吧。

心灵感悟：

你身边或许有这样一些人，或许她们不漂亮，可是她们看起来永远都是那么自信迷人，这是因为她们拥有一个好心态。拥有一个好心态，你很自然就会变得容光满面，自信大方。俗话说得好，笑一笑十年少，你每天笑容满面，自然会越活越年轻，这份笑容也会感染身边的人，让他们也变得开心快乐。

选择自信，选择美丽

在英国的一座小镇上有一个非常穷困的女孩子，她失去了父亲，跟妈妈相依为命。她们靠做手工维持生活。

贫穷的生活让她非常自卑，比起同龄人，她从来没穿戴过漂亮的衣服和首饰。就这样，在自卑中她长到了18岁。

在她18岁那年的圣诞节，妈妈破天荒给了她20英磅，让她用这个钱给自己买一份圣诞礼物。她喜出望外，但是她还是不敢大大方方地从马路上走过。她捏着这点钱，绕开人群，贴着墙角朝商店走。一路上，她不停地看着别人，她觉得所有人的生活都比自己好，忍不住连连叹气。她想：我是这个小镇上最抬不起头来、最寒碜的女孩子。她还看到自己特别心仪的小伙子，又酸溜溜地想：今天晚上盛大的舞会上，不知道谁会成为他的舞伴呢？

就这样，她一路嘀嘀咕咕地躲着人群来到了商店。

一进门，她感觉自己的眼睛都被刺痛了，她看到柜台上摆着一批特别漂亮的缎子做的头花、发饰。

正当她看得发呆的时候，售货员对她说："小姑娘，你的亚麻色的头发真漂亮！如果配上一朵淡绿色的头花，肯定美极了。"

她紧张地看了一下价签：16英磅！她垂下了眼睛："我买不起，还是不试了。"

可是，售货员已经把头花戴在了她的头上。

见到售货员拿起镜子，她不好推脱，于是对这镜子看着自己。当她看到镜子里的自己时，突然惊呆了，她从来没看到过自己这个样子，她觉得这一朵头花使她变得像天使一样容光焕发！

她不再迟疑，掏出钱来买下了这朵头花。

接过售货员找的4英磅后，她就像一只快乐的小鸟一样高兴地往外飞去，结果在一个刚刚进门的老绅士身上撞了一下。她仿佛听到那个老人叫她，但她已经顾不上这些，就一路飘飘忽忽地往前跑。

不知不觉地，她就跑到了小镇最中间的大路上，她看到所有人投给她的都是惊讶的目光，她听到人们在议论说："没想到这个镇子上还有如此漂亮的女孩子，她是谁家的孩子呢？"她又一次遇到了自己暗暗喜欢的那个男孩，那个男孩竟然叫住她说："不知今天晚上我能不能荣幸地请你做我圣诞舞会的舞伴？"

她简直心花怒放！她想："我索性就奢侈一回，用剩下的这4块钱回去再给自己买点东西吧。"于是舞会结束她又一路飘飘然地回到了小店。

刚一进门，那个老绅士就微笑着对她说："孩子，我就知道你会回来的，你刚才撞到我的时候，这个头花也掉下来了，我一直在等着你来取回它……"

女孩非常的惊讶，从此改变了自卑，变得快乐幸福起来。

心灵感悟：

改变女孩的心态的不是一朵小花，而是女孩的自信心态。一个自信的女人更容易取得成功和获得幸福，因为自信的女人容易辨别事物发展规律，自信的女人懂得安排调整好自己的节奏和步调。女人，拥有自信的心态，就拥有了天然的美容药，女人因自信而大放光彩！

在选择中放弃，在放弃中升华

一个人使劲地拽着一条绳子，因为他知道如果他放开手的话，他就会死去。几乎所有的人都这样告诉他，包括他的父母、教师和许多认识和不认识的人。他环顾四周，他看到其他人也是这样做的。

因此，没有什么能诱使这个人放手。

后来，一位智者来到他的面前。她看着他，知道他这么拽着是没有必要的，这条绳子给他提供的安全感纯碎是虚幻的，它仅仅只是把他固定在那里而已。

所以，她想寻找一种方式，消除他的幻想，并且帮助他获得自由。

她和他谈真正的安全感，一种深刻的欢乐，真正的幸福以及平和的心态。她告诉他，如果他将一个手指放开，他就可以品尝到这种感觉。

"一个手指。"他想："这不会让幸福冒太大的风险。"于是，他同意采取这小小的第一步。

他品尝到了多一点的快乐、幸福、安宁。

但这不足以达到持久的幸福。

"更大的欢乐，幸福与平和可以是你的，"她告诉他："如果你放开第二根手指。"

他告诉自己："这将变得更加困难。我能做到这一点吗？它会不会是安全的？我有这勇气吗？"他犹豫着，然后放开手指，他的手指弯曲一点，一

点点体会放开后的感觉，最后他冒了这个风险。

他如释重负，因为他不但没有摔，而且他还发现了更大的幸福和内心的安宁。

他不解，这怎么可能呢？

"请相信我，"她说："到现在我说错过吗？我知道你的恐惧，我知道你的心告诉你这是疯了，这违背了一切你曾经受过的教训，但是，请相信我。看看我，我不是免费的吗？我向你保证安全，你将会发现更大的幸福和满足。"

"难道我真的那么想内心安宁和幸福？我豁出去我所有的，准备冒所有的风险？"他想："我能安全吗？我不会摔下来吗？"

她继续劝服他。她让他开始考虑他的恐惧，考虑他恐惧的基础，并探讨它们是什么，探索他真的希望的。慢慢地，他觉得他的手指开始放松。他知道他能做到这一点。他知道他必须这样做。这只是一个时间的问题，直到他释放他的全部抓力。当他这样做的时候，他感觉到更大意义上的平和流经他的身体。

现在，他只有一个指头拽着。理性告诉他，在他松开一个手指或两个手指前，他就该掉下来了，但他还没有。"我一直拽着是错的吗？"他问自己。"这完全在你自己。"智者说："我无法进一步协助你。只要记住，你的所有担心是没有根据的。"

他相信了他内心的平静的声音，逐渐释放最后的手指。

什么也没有发生。他原地没动。

然后，他意识到这是为什么。他一直就站在地面上。看着地面，他知道他永远也不会不放弃了，他懂得了放弃，他找到了真正的和平的心态。

自古以来，鱼与熊掌不可兼得，关键时刻我门要学会放弃，学会选择。女人想要幸福就要懂得放弃，放弃是面对生活的清醒选择。学会放弃，卸下人生的种种包袱，轻装上阵，便能轻松走过人生的风风雨雨。

不要让攀比毁了自己的幸福

吴桐与男友相识于大学时代，男友的长相与家境情况很一般，却有一副难得的好脾气，最终得到吴桐父母的认同。大学时代的恋情，缺乏现实生活的磨砺，所以，两个人还能悠闲地经营着这份感情。然而，随着走向社会，他们之间的问题越来越多。

还没毕业，吴桐就操心起男友的工作来，她认为，日后要养家的男人一定要找个好工作。没过多久，在亲戚的帮助下，男友被一家地方电视台录用，去做视频新闻的后期制作。虽说，目前的工资没有多少，但是，发展空间很大。吴桐原本以为这下可放心了，然而，一次聊天得知，室友的男朋友实习阶段就得到领导的重视，不仅被正式录用，而且工资也翻了一倍。吴桐心里不平衡了，想着男友这么久却还在为那点工资奔波，以后怎么才能在同学面前抬起头啊！于是，求胜心切的吴桐马上拨通男友的电话询问工作情况，在听到男友的"还行，慢慢会好的"回答后，吴桐立马生起气来。她感觉到男友根本没有上进心，为了能够让他早日成功，她每天都会打电话督促他工作。

在单位，吴桐看着身边的同事，一个个穿着名牌，用着高档的东西，让这个自尊心极强的女人觉得很郁闷。尤其是看到同事有谁的男友或老公给买

了新衣服或首饰之类的时候，吴桐更觉得刺眼，于是，她把所有的希望都寄托在男友身上。几个月过去了，男友也算小有成就，工资也涨了许多。这下，她本该安心了，可是一份结婚请柬又让她陷入焦虑之中。

原来，大学同学经别人介绍要嫁给一个家境好、工作好的人。看着同学佩戴的昂贵首饰、修饰一新的漂亮新房和热闹隆重的结婚场面，这些都让她觉得遥不可及。自己什么时候才能有像样的首饰和婚礼啊！为了将来的幸福生活，吴桐不止一次地在男友面前提起这事。终于有一天，看起来温文尔雅的男友发怒了："我就是这么一个家境不好、没有本事、不思进取的人，从你认识我的那一天，我就这样，如果你不喜欢，为什么当初要选择我呢？"看着男友生气的表情，吴桐感到很委屈，自己之所以这样不都是为他好吗？

心灵感悟：

> 俗话说得好，鞋大鞋小只有穿在自己脚上才知道。幸福的生活到底是怎样的生活？女人如果认为世人眼里的多金生活才是好生活的话，那就错了，其实，幸福的生活就是合适自己的生活。女人，不要被金钱、名利遮住了双眼，看不到身边最贴心的幸福。

打响人生牌不是漂亮就可以

方晓庆，一个29岁的北京女孩。在金碧辉煌的售楼大厅里，她一点儿也不出众。但就是这个不起眼的女孩，卖出了天文数字的业绩。2009年，经她手出售的楼房总价值3.8亿元。方晓庆成了名人，人们好奇她的售楼秘诀是什么。而她只是说："我不喜欢把成绩归结到运气上。"

刚开始，销售总监并不看好方晓庆，给方晓庆做培训的老销售也不看好她。一次培训课的间隙，小姑娘们都凑在一起聊天，忽然进来一位穿着睡衣的中年妇女，销售人员看她穿着普通，根本不像买房的，都懒得动弹。经理看到没人招呼，便叫方晓庆："你去招呼一下客人，就当是练手，找找感觉。"

方晓庆心想："不管人家买不买房子，进来都是公司的客户，就得认真招待。"她热情地迎上去，陪着那位妇女四处看，耐心地听她问长问短。最后，这位妇女竟一口气买了3套。从那以后，方晓庆牢牢记住了一个道理：销售人员一定不能够挑客户，更不能看人下菜。因为，很多有实力的客户穿得都很普通。

这样的例子方晓庆屡见不鲜。"我有一个客户，非常有钱，但穿得很随便。他告诉我，以前去看房子，每次售楼小姐都不怎么答理他，后来发现他有实力，就变得特别热情，拼命招呼，他很反感，干脆不买了。最后，这个人也在我们这里买了3套。因为他被歧视惯了，遇到我热情招待他，非常感动。"

方晓庆虽然不以貌取人，但时间长了，她也能区分出所谓的高端客户和普通客户。"有些女客户一身华贵，态度矜持而淡漠，对待这样的人，态度要热情，但是话不能多，介绍完基本情况，对方不说话，自己尽量也不说，但要随时准备回答问题。"方晓庆说："这种客户不容易招待，很难猜到她们的心思，要特别注意把握好距离，近了她会防备你，远了她又嫌你不够热情。"相比起这些人，方晓庆还是喜欢跟普通客户接触。"他们虽然家长里短问得很仔细，但也容易接近，我很喜欢跟他们聊天，和很多客户都成了朋友。"

心态好是方晓庆反复强调的一点，无论是工作还是与人相处，她喜欢多看优点少看不足。方晓庆不是美女，这反而成了她的优势。"漂亮的女孩比较矜持，处处在意自己的形象，总希望自己是焦点，受到瞩目。这样的心态，无论在客户面前，还是在同事中，都不占优势。"在客户面前，要在姿

态上放低自己，突出客户；而同行之间，要让着别人一点儿，不抢单。方晓庆说，这就是生存之道。

心灵感悟：

女孩可以不漂亮，但必须要有一个好的心态，学会温和待人，能够正视自己的不足将自己的不足放在正确的位置上，欣然接受自己的不足，才是生活的赢家。懂得自己，了解自己的女人，才是生活的智者。

浮世虚华，活出自己最幸福

她是个很成功的女子，不到30岁的年纪，有诸多小说出版，虽然没有给她带来太大名气，却带来了足够的财富——那些小说，大多被影视公司选中，然后她自己改编成剧本，3年的时间，她就在那个美丽的城市中拥有了足够优越的生活。

也许是性格的缘故，她并不为此张扬，不太爱说话，穿平常的衣衫，不化妆、不戴首饰。

那次，报社决定在根据她的一部小说改编的电视剧播出时，为她做个专访。记者过去，她却显得羞涩，不知道应该说什么。后来记者说，干脆，你该做什么做什么，让我从旁观者的角度看看你的生活吧。

她好像才放松下来，笑笑，打开电脑，不再为无法应对记者的问题而为难。

那天的她穿了件再平常不过的纯棉T恤、牛仔裤，头发扎成松松的马尾。打开电脑回了两封邮件，关闭，说，今天我原本是打算要逛街的。

记者欣然愿意同往。

她逛街的习惯看起来更似小女孩，喜欢那些琳琅满目的小饰品，但只是逛，并不买什么。最后她走进一家纯正的品牌首饰店。

进了店里，店员却并不热情，那天的记者也是再寻常不过的装扮——T恤和平底鞋，看过去，她们都是处境太过寻常的女子。但她，的确不是，记者在她的玻璃书柜中看到一些物品，价值自是不菲的，似乎，她喜欢这些精致的小首饰，她想要，实在买得起，也不是为佩戴，只为喜欢收藏。

对店员略微冷落的态度，她似乎并未留意到，很快，在展示柜内看中一条细细的镶嵌了一圈精巧钻石的手链，记者下意识地贴近去看价格，而她只微笑对离得最近的店员说，请取这条手链看一下好吗？

店员的眼神明显带着不屑，自她们进门，店员已用那种不屑的眼光将她们从上到下打量过了，现在听她这样一说，店员挑挑眉毛说，那条手链现在打8折，折后价是3800元，一分都不能少了，你确定要看吗？

记者一下子气愤起来，明显地，店员在歧视她。刚要对此提出异议，她却拉拉记者的衣袖，笑笑说，既然这样，我们走吧。然后依旧微笑着，牵着记者离开了那家首饰店。

走出门来，记者还在为此愤愤不平，一是为对方这种以貌取人的态度，再是为她委屈，她算是有钱的女子，实在不必受这份委屈。但看上去，她却真的不在意，心平气和地离开了。

随后，她在另外一家店里买到更好的手链。

回去时，记者还记得她被冷落的那一幕，忍不住说，当时，你为什么不指责那个小店员。

指责她干什么呢？指责她态度不好还是没有看出我是个有钱人？她笑，生活不是过给别人看的，而是过给我们自己看的，自己知道就好。记者一怔，却忽然在那一刻，找到了自己采访的亮点，也终于知道了她成功的根源，一个活给自己看的女子，不为诸多的虚名和浮华所累，她注定活得更简单、更好。

♡心灵感悟：

　　浮华都市，充斥着欲望和诱惑，有太多的人迷失在灯红酒绿的现实中，忘却了本该属于自己的那一份平静淡然。女人，无论拥有怎样的财富、容貌，都要保持一颗淡然的心，常常去给心灵洗个澡，才能活得自由潇洒。

从容看待目标，走好每一步

　　女友三十了，她很认真地谈了一次恋爱，结果还是无疾而终。她说自己真的很努力，在男友面前，说话做事都小心翼翼。每次约会回来，还要回放一下约会的细节，看自己是否有不对的地方。

　　最后，她给我念短信。他们认识3个月，有上千条短信。她是挑着念的，内容无非是些去哪里约会、出差为什么不打电话之类的琐事，她均称之为可能的分手线索，要一一排查。那股认真劲儿，好像解一道数学附加题，这道题没有其他解法，只有一一排错，而且大有不解出来不罢休之势。

　　想起我高中时的一个好朋友，学习特别勤奋。她下决心一定要考上名牌大学。以她的实力，是完全有可能的。最后"模考"的时候，她的潜力更是在目标的刺激下越来越疯狂。可是，到了高考，她二本都没过。第二年高考，她还是最后时刻的落榜生。如同一颗众望所归的果子，平时长得最鲜艳，却总在最后一刻夭折。

　　不得不说，她们都很认真，她们都太认真了。可是很多事情，不是你越认真就越成功的。当你对某一件事情过于用力或意念过于集中的时候，反而容易把事情搞砸。

　　举个例子。打球的时候，平时传球接球水到渠成，到了真正打比赛，却总是容易出这样那样的纰漏;面试的时候，当你面试的是一家不太重视的公司，会发挥正常甚至超常，可是当你面试的是心仪已久的公司，很可能顾虑重重紧张兮兮，自己先给自己判了死刑……

有这样一个实验:在给小小的缝衣针穿线的时候，你越是全神贯注地努力，线越不容易穿入。反而是左右都试探试探，或者抬头换一个眼神，线轻轻松松就进去了。这就是"穿针心理"，它还有一个名字，叫做"目的颤抖"。

"目的颤抖"四个字很形象。你小心翼翼端着一个杯子，这个杯子里盛着信心满满的目标，可是，当你所有的心思都在那儿的时候，目标不会变得很强大，反而会变得很脆弱，脆弱到你的手一抖，目标就粉身碎骨了。其实，它本可以安然待在某个角落，等待时机成熟的时候瓜熟蒂落。

我的女友，本可以安然享受她的恋爱，而不是见男朋友像见老板，把自己弄得畏首畏尾，这次失败了，总有适合自己的那一个;我的中学同学，本可以把目标暂时收藏一下，考试就是考试，它跟美好未来不能完全划等号，把所有希望都拴在一场考试上，考试本身已经变得不堪重负。

所以，别让目的占据你全部的内心。

心灵感悟:

在通往成功的路上，有些人太急着前进了，太把结果放在心上了，导致心里紧张不放松，最后以失败告终。女人，应该学会在任何事情面前都保持一个平和的心态，从容处之，不要急功近利，这样才会慢慢得到自己想要的。

心急吃不了热豆腐

有一部电影，叫做《心急吃不了热豆腐》。人往往因为太急于得到"热豆腐"，反而被"热豆腐"烫了，就算吃到嘴儿，由于"太热"，烫得也不得不吐出来。这就叫"欲速则不达"。

有一个故事:一位心理学家，把一只经过测试很聪明的猴子，关到一个铁笼子里。铁栏杆与铁栏杆之间，仅能容得下猴子的手臂伸出来。连续两天，人们故意不给猴子东西吃。第三天，有人给猴子一串香蕉，但放在离猴子很远的地方;又拿来一根很长很长带铁钩的竹竿，放在笼子外猴子伸手就可以得到的地方。都两天没吃东西了，猴子看到香蕉，眼睛都蓝了。

那一刻，这只聪明的猴子，把注意力都集中到那串香蕉上了。努力用手去够，千方百计想办法想把手伸得更长些，把香蕉抓到手。费了九牛二虎之力，甚至连手臂都磨出血来了，猴子累得筋疲力尽，也没够到香蕉。本来笼子外那个"带铁钩的竹竿"，是专门为猴子够香蕉准备的，但由于猴子把全部的注意力都集中到了香蕉上，根本没有想到借助"带铁钩竹竿"的力量。一个智商很高的猴子，却犯了一个非常低级的、致命的错误。

其实，人类也一样。当你太在意一件东西时，往往会丧失理智。正在热恋着的人，"局外人"一眼就可以看出的缺点，恋人间却发现不了。直到结婚"激情过后"才发现原来对方没有那么完美。一个人太想挣钱了，日也思，梦也想，压根儿就没有想到会遇到"不测"，会赔钱，其结果，就和"饿猴子"一样，只想得到，却没想怎么得到，结果被"热豆腐"烫得满嘴是泡。

"太想得到"是一种浮躁。人一浮躁，就会急于求成，于是，再聪明的人，都难以耐得住"香蕉"的诱惑。由于"太饿"的缘故，由于"太想得到"的缘故，以至丧失了理智。很多事情，只要我们务实一些、细致一些、准备充分一些，还是有把握成功的。

心急很容易导致"乱了方寸"、"乱了阵脚"，很容易犯低级错误。人不是猴子，越想得到，越应该做好扎实的准备工作。一个成功的人，越是在"饿两天"的情况下，越要注意不要丧失理智，运用自己的智慧和想象力。紧急情况下，一个人的智商，能不能正常发挥，是一个人成熟与否的重要标志。不但要发挥好自己的智商，更要调动自己的"潜能"；也只有"超常情况下"，人的"潜能"才能被调动出来，被激发出来。于是，就能做到"心急"手不急，照样吃"热豆腐"。

心灵感悟：

女人只有不急不躁，不卑不亢，不骄不满，保持心态平稳，不为名利所动、所困，才能发挥好自己的智商，调动好自己的潜能。

踮起脚尖，靠近阳光

2006年秋天，儿子3岁，离开职场4年后，28岁的我再度走进职场。

几经周折，我进入一家广告制作公司做业务。但上班没几天，我就郁闷了起来：某某比我早进公司一个月不到，底薪竟然比我高了一倍多；某某的工作时间是自由的，可以不用打卡；某某享有特别的报销权……

这些信息，都是同事陈雨告诉我的，她说这些话的时候，是愤愤不平的，她认为公司应该给大家提供一个公平竞争的舞台，而不是个别人独舞……

我认为她说得很有道理，并慢慢地被这种情绪感染了，入职的快乐很快消失了，我活在不公正的待遇所带来的仇恨里。

就在这时候，公司重组，把我分到了许萌一个组里，许萌是公司工作了两年多的老员工了，比我小三岁。她不是业务部业绩最好的，却是最快乐的。她问我："记得你刚来的时候，总是微笑，但是后来，却总看到你不经意间的面无表情，这是为什么啊？"

我故作深沉地告诉许萌，在刚入职时，对公司这个平台非常看好，也相信自己的实力，但随着时间的推移，发现这个公司并不能给自己提供公平竞争的机会，所以黯然……

我把陈雨说给我的那些不公正的待遇告诉许萌，许萌哈哈大笑，说："你这几年的职业家庭主妇把你弄得与社会脱钩了，这些情况任何一家公司都会有。那个底薪比你高的，她是中山大学的博士生，她来这里做业务时，带着上百个客户，而且她入职当月就有20%开始合作……那个上班不用打卡的，她是公司一个大客户的亲戚，在这边上班的同时，还要帮大客户接送孩子上学……"许萌把我的那些所谓的不公平一一剖析之后，她说："遇到问题时，我们不妨往好的一面想，往阳光多处走，才能越走越亮堂……"

往阳光多处走！许萌的话让我的心里猛地一怔，是啊，我不快乐就是因为我没有走进阳光里！

以后，我开始有意回避和陈雨的共处，她再说公司的一些小道消息时，也不会再影响我的心情。陈雨看到了我的变化，渐渐觉得无趣，也就慢慢地远离我了。

随着和许萌交往的深入，她的聪明和开朗让我看到了工作上的多姿多彩，我找到了往阳光多处走的快感。

但没有多久，我的心情又出现了新的状况，首先是感觉工作拖沓无力，有些工作明明是当天可以完成，却总是要拖到第二天。

这时候，许萌已经成为我的生活和工作中的良师益友。她说："你最近是不是在上班的时候，处理私人的事情比较多？比如私人电话？短信和邮件？或者是倾听了太多人对生活的抱怨？"

对呀，最近都是这些鸡毛蒜皮的小事惹的，什么孩子和同学打架了，妈妈让家中的老鼠吓了一跳……

许萌建议我关闭QQ和MSN，邮箱申请两个，一个私用一个工作邮箱，上班时间不开启个人电子邮件;不在上班时间打私人电话，不重要的短信一概不回。

许萌这雷厉风行的铁娘子工作作风，着实让我吃了一惊，"如果那样，工作多枯燥啊！"许萌却说那是给我的工作瘦身必需的过程，只有把工作效率提高了，才能找回工作本身的快感。

我按照许萌建议的做，开始时很不习惯，总感觉少了什么，总是把光标拉到屏幕的右下角，看看有没有QQ和MSN信息。但三天后，这种状况完全改善，我可以集中精力和客户沟通，并为开拓新客户集中了很多时间，且这种努力很快博得了经理的赞许。在例会上，经理表扬我时，许萌对我竖起了大拇指。

直到有一天，陈雨的黯然退场，让我蓦然发现，是许萌重新树立了我的职场观点，她让我在关键时刻找到了自己位置。

2008年10月，我迎来了职场上的第三次提升，这次，我升到了一人之下几百人之上的位置——总裁助理！我获得提拔的原因很简单:乐观、积极、热情、友好！

心灵感悟：

女人，在失意的时候，多看一些积极的书籍或是跟一些阳光的人多交流，你就会发现自己的人生充满着快乐与希望。往阳光多处走，给自己一些正能量的动力，你的世界里会远离黑暗。

你的人生处于什么状态

人生就是这样，一个个日子，仿佛一棵棵树，你把它们始终置于阳光状态，你的人生之林才会枝繁叶茂，风景蓬勃。

我的一个发小，16岁初中毕业后便外出打工，20岁生日那天，他请我们到他家聚餐。饭后他拿出一个小盒子，打开，里面是一沓沓人民币一清一色的一元纸币。他说:这是29200张一块钱的钞票，如果一块钱代表我们的一天，这小盒子里面就是80年的人生。那一刻，我们面面相觑，那时我刚进大学，一直以为我的人生无限悠长，我拥有挥霍不完的时间，他的话，击得我的心一阵震颤。接着，发小又当着我们的面一张一张数出7300张来，然后说:这是20年，我已经过完了，所以不属于这个生命盒子了。我们看到，那小小的盒子空了好大一块!

从那天开始，每天睡觉前发小都会从生命盒子里拿出一块钱，代表他的一天过去了。他告诉我们，当他偷懒懈怠或随意放弃时，他就会打开盒子看一会儿，然后全身心投入他的奋斗人生;反之，当他面对不可逆转的人生痛苦时，他也会打开盒子沉思一会儿，然后释然，轻松享受生活。两万多天的人生，经不起过多的松懈散漫，也经不起一味的忧愁痛苦。今天，已过而立之年的发小事业有成，生活愉悦美满。每次去他那儿，我也会打开那个神秘又普通的生命盒子凝视一会儿，由此变得积极，积极工作，积极生活。

有一次采访一位处级干部，他告诉我们，哪怕再忙，他每个星期也会虐待自己两个小时。他接着给我们演示起他的自虐行为来:戴上手铐、脚镣、枷锁，俨然一名古时重犯的样子，然后坐上"审判椅"，直面镜子，审视自己。他说自从他当上科长的那天开始，每个星期都坚持这么做了，这是一种自我警示，时刻提醒自己不要走上歪路。看着他那认真"自虐"的样子，我们理解了他在当地百姓中的口碑为何会是"大拇指"。

我以前的一个同事，喜欢买醉，稍有不满便会喝得酩酊大醉，借着酒劲骂老板抠门"周扒皮"，骂同事阴谋诡计？想骂谁便找谁喝酒，喝完就骂，骂完便装糊涂。开始我们还觉得他是性情中人，一笑而过，后来却发现他蛮横而自私，没有责任心，不能接受好言相劝，醉骂便是他一贯的野蛮发泄。渐渐地，他在单位便不再受欢迎，直到被炒鱿鱼。到新的单位，又开始同样的状态，当然，结局也是一样的。

心灵感悟：

人生就是这样，一个个日子，仿佛一棵棵树，你把它们始终置于阳光状态，你的人生之林才会枝繁叶茂，风景蓬勃。反之，你把它们总是置之消极的阴暗状态，你的人生之林便注定杂草丛生，一片荒凉。女人，请给你的心灵打开一扇积极的心窗，让阳光照进去，温暖你的世界。

拥有好心态，打造完美人生

拿破仑·希尔曾讲过这样一个故事，对我们每个人都深有启发。

塞尔玛陪伴丈夫驻扎在一个沙漠的陆军基地里。丈夫奉命到沙漠里去演习，她一个人在陆军的小铁皮房子里，天气热得受不了——在仙人掌的阴影下也有华氏125度。天气热点还可以忍受，最可怕的是孤独时刻侵扰着她。因为当地只有墨西哥人和印第安人，而他们全都不会说英语，她连个可以说话的人都没有。塞尔玛非常难过，于是就写信给父母，说要丢开一切回家去。她父亲的回信只有两行："两个人从牢中的铁窗望出去，一个看到泥土，一个却看到了星星。"就是父亲的回信，完全改变了她的人生。

塞尔玛反复地读着这封信，觉得非常惭愧，她决定要在沙漠中找到星星。塞尔玛开始和当地人交朋友，他们的反应使她非常惊奇，她对他们的纺织、陶器表示兴趣，他们就把最喜欢但舍不得卖给观光客人的纺织品和陶器送给了她。塞尔玛研究那些让人着迷的仙人掌和各种沙漠植物，又学习有关土拨鼠的知识。她观看沙漠日落，还寻找海螺壳，这些海螺壳是几百万年前这沙漠还是海洋时留下来的……原来难以忍受的环境变成了令人兴奋、流连忘返的奇景。

是什么使塞尔玛内心有这么大的转变呢？

沙漠没有改变，印第安人也没有改变，但是塞尔玛的念头改变了，心态改变了。一念之差使她把原先认为恶劣的情况变为一生中最有意义的冒险。她为发现新世界而兴奋不已，并为此写了一本书，以《快乐的城堡》为名出版了。她从自己造的"牢房"里看出去，终于看到了星星。

心灵感悟：

积极的女人乐观面对人生，勇敢接受困难，生活即使坎坷也是阳光满路；反之，如果女人消极面对人生，怀疑一切，畏惧一切，生活即使平坦也会荆棘满路。心态是人生的分水岭，积极的心态创造人生，消极的心态消磨人生。心态改变人生，态度决定命运。好心态是一个女人幸福的源泉，快乐的动力。

第二章
灵活会处世，机智心灵

　　处世是一门社会学问，它不仅体现一个女人的智慧和修养，更重要的是会决定一个人的前途和命运。会处世的女人像陈年老窖，散发着醉人的清香，拥有迷人的魅力。

会做人的女人更容易得到幸福

汉武帝时，丞相公孙弘生活十分俭朴，吃饭也只有一个荤菜，睡觉只盖普通棉被。因为他年轻时家里非常贫困，知道今天的幸福生活得来不易，所以虽贵为丞相，生活仍十分俭朴。但朝中有的大臣对他的生活方式实在不理解。

当时有一位叫汲黯的大臣便向汉武帝参了一本，指责公孙弘位列三公，有相当可观的俸禄，却只盖普通棉被，实质上是沽名钓誉，目的是为了骗取俭朴清廉的美名。

汉武帝听后便问公孙弘："汲黯所说的都是实情吗？"

公孙弘没想到自己一贯的生活方式竟然惊动了皇上。俭朴清廉是自己行得正、走得直的做人根本。他本可以对着朝廷标榜自己，或斥责搬弄是非的小人。但面对汲黯的指责和汉武帝的询问，他采取了十分高明的招术，回答道："汲黯说得一点儿没错。满朝大臣中，他与我交情最好，也最了解我。今天他当着众人的面指责我，正切中了我的要害。我位列三公而只盖棉被，生活水准和普通百姓一样，确实是故意装得清廉以沽名钓誉。如果不是汲黯忠心耿耿，陛下怎么会听到对我的这种批评呢？"

汉武帝听到公孙弘这番话，反倒觉得他为人很谦让，于是从心底就更加尊重他了。

公孙弘的高明之处不但在于不做任何辩解，承认自己沽名钓誉，而且还在于他对指责自己的人大加赞扬，认为他是"忠心耿耿"。如此的处世与做人，既没有对同僚构成伤害，也让众人都知道了他清廉做人的事实，连皇帝也对他另眼相看，可见其高明之处。

纵观女人的人生道路，大都呈波浪起伏、凹凸不平之状，如果希望这条路能更好走，更平坦一些，就需要懂得做人与处世的技巧和方法，只有这样，才能更容易地参透人生的哲理，才能让人生之路更为顺畅。

杰的丈夫因病去世，自己带着女儿艰难度日。她原本在一家工厂上班，几年前，由于经济不景气，工厂面临着倒闭，她也下岗了。好在她平时为人处世周到，在街坊邻居中极有人缘，下岗不久，便在亲戚朋友的帮助下，在小镇兴隆服装市场旁开起了一家饭店。

由于杰待人热情，她的生意也越做越红火。也许是杰仁慈善良的缘故，几乎每到中午吃饭的时间，小镇上的大小乞丐都会相继光顾这里。客人们常对女店主说：快把他们轰走吧，可怜他们什么时候是头呢？"这时杰总是笑笑说："算了吧，他们也挺可怜的。"

人们都说，这女店主做人太善良了，从未见过小镇上其他店主能够像她那样宽容平和地对待这些肮脏不堪的乞丐。杰也总是笑笑，她觉得做人处世还是多为别人着想的好。

日子就这样一天一天地过着。一天深夜，服装市场里一家经营童装生意的店铺，由于电线短路，引发了一场大火。那些服装几乎都是易燃物品，火借风势，眨眼的工夫整个市场便成了一片火海。

杰的小饭店紧邻服装市场，势单力弱的她眼看辛苦张罗起来的饭店就要被熊熊大火所吞没，心急如焚。这时，只见那些平常天天上门乞讨的乞丐，不知从哪里冒了出来，将一个个笨重的液化气罐奋力地搬运到了安全的地方。消防车很快就开了过来，大火被扑灭了。由于小饭店抢救及时，只遭受了一点小小的损失。而周围的那些店铺，却因为得不到及时的救助，几乎变成了一片废墟。

大火过后，人们都说是杰平时真诚做人处世得到了回报，要是没有这些平时受她恩惠的乞丐们出力，饭店恐怕就会变成一堆瓦砾。

心灵感悟：

人生就是一种选择，当女人选择了怎样为人处世的方式，就已经选择了自己的人生。女人若想自己的人生道路平坦，首先就应该学会为人处世，也只有这样，才会在人生的路上有所收获。女人命运的不同，并不完全取决于她们的能力，而是做人的方式。女人要改变命运，就必须学会先做好自己。

做一个刚柔并济的女人

古代阿拉伯有一个叫列依的小国，人们都把列依王国的王后尊称为"斯苔"。

"斯苔"是个十分善良、温柔而又贤慧的女人，当国王法赫尔·杜列驾崩以后，由于其子尚幼，只好亲自代政。后来其子长大，不理朝政，仍执掌大权，她费尽心机地周旋予伊斯法罕和卡赫斯坦等大国之间。

一次，强大的苏丹玛赫穆德派了一使者到列依，恐吓斯苔道："你必须呼我万岁，在钱币上印铸我的肖像，向我称臣纳贡。否则，我将率军攻占你的国家，将列依纳入我们的版图。"使者还递交了战争的最后通牒。

列依王国的百姓得到这个消息，群情激愤，与敌人誓死血战的气氛笼罩着这个弱小的国家，但列依王后却宣布与敌人讲和。一时间权臣和百姓对王后的行为都百思不得其解，大家都怀疑她对苏丹献媚取宠。但这个明智而坚强的王后冒着做"坏女人"的名声，亲赴苏丹的鸿门宴。

宴会的地点选在国王的寝宫，不准王后带一个随从。当然苏丹的目的不言而喻，如果能得到列依王后，便也心满意足。

在苏丹华丽的床榻边，盛装高贵的王后用温和、不卑不亢的语气对苏丹说："尊敬的玛赫穆德苏丹，假如我的丈夫法赫尔还活着的话，您可以产生进犯列依的念头。现在他谢世归天，由我代行执政，陛下十分英明睿智，如果倾国之力去征讨一个寡妇主持的小国，假若我把您战胜，我将向世界昂首挺胸地宣告：我打败了曾制服过成百个国王的苏丹。而你呢？却会因被女人打败而无颜生存。可您若取得了胜利，却算得了什么呢？人们会说：'强大的苏丹也不过击败了一个女人而已。'因为一个威震天下的国王却与一个女人较量，不显得自己水平低吗？这等不足挂齿的小事也值得炫耀？"

强横的苏丹听到这话很震撼，看到斯苔王后那恬静无畏的表情，他彻底放下了手中的屠刀。在她执政期间，玛赫穆德苏丹一直没有对列依王国兴师动武。

斯苔王后的高明之处就在于，她恰到好处地向强大的敌人展示了女性柔弱的一面，这份柔并非是屈服，柔中带刚，使人不敢小觑，达到了以柔克刚的目的。

美国惠普公司的总裁卡莉·费奥莉娜就是一个亦刚亦柔，擅长"柔道"的女人。

卡莉·费奥莉娜自1998年入选美国《财富》杂志评选出的全美50位商业女强人以来，她已第3次入选50强，并且连续两次荣登50强榜首。

一般来讲，"硅谷女强人"给人的印象都是冷冰冰、硬梆梆、横眉冷对、杀气腾腾的。事实上也是如此，在公司改革、与对手竞争和与反对者辩论这些方面，费奥莉娜确实给人雷厉风行、做事说话绝不含糊的"铁娘子"风范，但是你要认为她是一个"男人婆"形象，那你就判断失误了。作为女人，费奥莉娜也有她细腻、柔软的一面，而且，比起普通人，她在刚柔的结合上处理得更加完美。

费奥莉娜的公司发展顺利，与其善于用人不无关系。她的用人之道，亦刚亦柔、擅长"柔道"是其核心战略。在当今许多精英人才频繁跳槽的时

候，她的公司人员流动却很少。这就是她成功的一面。

在严肃的工作之余，费奥莉娜喜欢和员工聊天，和他们一起吃饭，向他们了解情况，咨询他们对公司的意见，有时候也会问到员工家庭的情况，为他们解决困难。

在客户面前，她是一位交际能手；在下属面前，她是一位严肃而又不失温和的领导；在家庭生活中，费奥莉娜也表现出自己"小女人"的一面，她非常注意克制自己的情绪，不把工作中的烦恼带到家庭中来；在朋友面前，她是富有魅力的好伙伴……

这就是费奥莉娜，她了解自己的优势，更明白自己的劣势，她努力地扬长避短，使自己向一个完美的管理者目标靠近，而刚柔并济则是她生活中不可或缺的一部分，也就是这一策略，让她在商场上、生活上都能做到畅通无阻。

心灵感悟：

> 柔弱是大多数女人的显著特征，也是女性的宝贵财富。这种气质往往是女人立身处世的最厉害的武器，它可以不动用一兵一卒亦可击退千军万马。而坚强同样也是女人克服困难的有力武器。女人，只有将"刚"与"柔"互相渗透，才能形成一种无形的力量，从而在自己的人生路上游刃有余。

智慧处世，完美人生

中国唯一的女皇帝武则天，一个弱女子在当时那种社会环境中，竟能登上中国最高的权力宝座，堪称奇迹。这和她无与伦比的智谋及高超的做人艺术是分不开的。

武则天做大周皇帝时，狄仁杰和娄师德同时担任宰相。但狄仁杰总是想方设法排挤娄师德，两人面和心不和。自己倚重的两个大臣不和，这极可能危害到社稷安全，武则天心里虽有些担忧，但她不动声色，暗觅调解两人关系的良机。

有一天，武则天召见狄仁杰，在议完朝事之后突然问他："我信任并提拔你，你可知道其中原因？"

狄仁杰答道："我凭文才和品德受朝廷重用，不是平庸之辈，更不靠别人来成就自己的事业。"

武则天沉思了一会儿，对狄仁杰说道："其实，我原来并不了解你的情况，你之所以有今天，之所以会得到朝廷的厚遇，全靠娄师德的推荐。"

随后，武则天命令侍卫取出一个竹箱，找出约十件关于娄师德推荐狄仁杰的奏本，赐给狄仁杰看。

狄仁杰仔细地看完奏本，不由得满脸惭愧。多年来，自己一直在想方设法排斥娄师德，甚至想把他赶出京城，没想到他却一直在皇上面前举荐自己。

想到这里，狄仁杰连忙跪倒在地，惶恐地向武则天承认自己有罪。武则天并没有责备他，而是原谅了他。此后，狄仁杰抛弃了对娄师德的成见，二人共同辅佐武则天，将朝政治理得井井有条。武则天不动声色，只轻描淡写的一招便化解了狄仁杰与娄师德的恩怨，足见她驾驭臣子的高超智谋和做人艺术。

武则天的智慧和做人艺术还体现在她善于利用柔弱的女性气质去打败男性对手。

唐太宗李世民驾崩后，年轻的武则天曾被贬到感业寺削发为尼。太宗的儿子李治，也就是唐高宗，一次去感业寺，武则天便抓住机遇，百般在李治面前表现女人的温柔、美丽，令李治心驰神往。李治继位后，便以进香为名

急急忙忙地前往感业寺，去看想念已久的武则天。

进香完毕，当武则天奉召来到李治面前的时候，李治不禁大吃一惊。他看到，武则天依然娉娉婷婷，姿色不减当年，但眉宇间却隐藏着无限惆怅。武则天见李治已动容伤神，就更加表现女性的柔弱，她行礼过后，半晌无言，只是默默流泪。李治心软，往昔的旧情，今日的重逢，使他顿增对武则天的怜爱。他亲手为武则天拭去脸上的泪水，安慰说："朕未尝一日忘情，只因丧服未满，不便传召。今日到此，便是为了重叙旧情。"

武则天一看李治已动情，便情深意笃地向李治述说了别后的情思，倾诉了她的思念、痛苦和愁闷。她虽没有乞请皇上传召，但那感人的话语深深地打动了高宗李治的心。他向武则天表示一定争取尽速传旨，召她回宫。

不久，武则天便被李治召回皇宫。从此，她在自己精心设计的征途上，一步步走向人生的最高峰。

心灵感悟：

幸福快乐的女人，功成名就的女人，都是懂得做人艺术的女人。一个女人的成功，其实就是做人的成功，高明的为人处世艺术，会把自己推向辉煌。做一个会做人的女人，顺境不张狂，逆境能变通，这样才能在生活中如鱼得水，应对自如。

幽默是化解尴尬的秘密武器

有一个叫向露的女孩，虽然没有出众的容貌和迷人的身材，但为人性情开朗、正直、幽默，许多人和她交往几次后，就被她的幽默所吸引，不知不觉地感受到她的魅力。

有一天晚上，向露参加一场同学聚会，和同学们回忆着学生时代的美好生活。不料上菜的服务生在招呼客人时，一不小心将一壶茶水打翻，全洒在向露的脚上，把向露穿的一双新鞋泼湿了。服务生吓得不知所措，一时间愣在原地。

这时，向露却从容镇定地说："一般情况应该是洗脚之前先脱鞋吧！"

一句话，本来尴尬的气氛一扫而光，满座的人都笑了起来。在工作中，向露也和其他同事处得十分融洽。向露大学毕业后，进入一家酒业公司，她和阿清是多年的同事，两人隔桌而坐，情谊深厚，彼此往来建立了良好的默契。尽管如此，工作中难免发生一些冲突，就像亲密的牙齿和舌头，有时难免发生咬舌的疼痛。

有一次，为了处理老板交代的事情，两人有不同的看法，在僵持不下的情况下，她们居然发生严重的口角，彼此冷战，形同陌路。

到了第三天，向露忍受不了这样的工作气氛，为了打破僵局，于是趁阿清也在座位上时，她就翻箱倒柜，把办公桌的抽屉全部打开来翻找一番，找了足有15分钟。

阿清终于开口了："向露，你把所有的抽屉打开来，到底在找什么？"

向露看看阿清，打趣地说："我在找阿清小姐的嘴巴和声音！你一直不肯跟我讲话，我怎么跟你讲话！"

阿清扑哧一笑，两人重归于好。

心灵感悟：

作家普里兹问曾经说过："生活中没有哲学还可以应付过去，但是如果没有幽默，则只有愚蠢的人才能生存。"在交际中，幽默语言如同润滑剂，可有效降低人与人之间的"摩擦系数"，化解冲突和矛盾，并能使我们从容地摆脱交际中的窘境。女人，要学会幽默，生活才会顺畅。

会说话，巧做人

安安美容店新来了一个女孩，女孩从美容学校毕业时间不长，但经她剪过头发的顾客都很满意。相反，小玉已经入行两年有余，但经常有顾客对她挑三拣四。小玉心里奇怪，于是，向女孩请教。

女孩微微一笑，说："这样吧，今天你给顾客理发，我在旁边，一会儿你就明白了。"

小玉不解，不知道女孩葫芦里卖得什么药。

第一个顾客来了，小玉热情地给这位先生理完发，顾客照照镜子说："哎哟，这头发留得太长。"小玉脸一红。

女孩在一旁笑着解释："先生，头发长，使您显得含蓄，这叫藏而不露，很符合您的脸型和身份。"顾客听罢，高高兴兴地走了。

第二个顾客来了，小玉手下利索，噌、噌、噌给这位女士理完发，女士照照镜子，左看看右看看说："这头发剪得太短了吧？"小玉尴尬地站在一旁。

女孩笑着解释："女士，头发短，让您显得年轻、有活力、精气神十足，让人感到格外亲切。"女士听了，脸上阴转晴，欣喜而去。

第三个顾客来了，是一个老太太。小玉仔仔细细地给老太太理完发，生怕又遭到什么批评。老太太一边交钱一边笑道："今天理发，花时间挺长的。"小玉无言。

女孩笑着解释："脸面是人的标志，多花点时间，自己看着舒服，别人也愿意多看您几眼，多好啊！"老太太听罢，抿嘴一笑，道谢走了。

第四个顾客来了，小玉依旧闷葫芦似的给顾客理完发，顾客一边付款一边笑道："姑娘，你的动作挺利索，20分钟就解决问题了。"小玉不知所措，沉默不语。

女孩笑着抢答："如今，时间就是金钱，给您赢得了时间和金钱，何乐而不为？"顾客听了，欢笑告辞。

晚上闭店。小玉不好意思地问女孩："你为什么处处替我说话？反过来，今天，我特别紧张，没一次做对过。"

女孩和善地笑道："不错，每一件事都包含着两重性，有对有错，有利有弊。我在顾客面前鼓励你，作用有两个：对顾客来说，人家听了喜欢，因为谁都爱听好听的话；对你来说，既是鼓励又是护你，这样，你才有劲头干啊。"

心灵感悟：

　　同样一件事，用不同的话来说，会产生完全不同的效果。选择恰当的时间说该说的话，自己开辟出更广阔的交往空间，而且还能使他人感到快乐与温馨。说话是一门艺术，做一个会说话的女人，走到哪都会受欢迎。

宽容别人就是善待自己

在二战期间，一支盟军的部队和德国军队在森林里相遇，发生了激烈的枪战。在枪战中，两名盟军战士被打散，和部队失去了联系。这两名战士都来自同一个故乡，同一个小镇，一个叫安德森，一个叫莱恩。他们在森林里艰难跋涉，并且相互鼓励，相互安慰，设法和部队取得联系。

可是十多天过去了，部队仍然没有联系上，他们身上带的食物已经吃完了。这一天，他们在行走过程中意外地发现了森林里有一只鹿，于

是他们开枪打死了鹿，依靠鹿肉又支撑了几天。但是接下来的几天，他们很倒霉，什么动物都没有发现。这样，他们两个人求生的希望就完全寄托在了安德森背上的那块鹿肉上。他们都知道这或许是他们最后的希望。

敌军远去时，突然听到"砰"的一声枪响，安德森的肩膀中了一枪。这个时候背后的莱恩走上前，害怕得语无伦次，抱着安德森的身体泪流不止，并且赶快把自己的衬衣撕下来，为安德森包裹伤口。那天晚上，莱恩一直念叨着母亲的名字，两眼直勾勾的，他们什么话也没有说，谁也没有动那块鹿肉。结果第二天，盟军的部队经过，他们两人都得救了。

事隔30年，安德森说，"我知道谁开的那一枪，不是德国军队，而是我的战友莱恩，因为他过来抱着我时，我感觉到他的枪管是热的。我当时怎么也不明白，他为什么冲我开枪？但是那天晚上我就原谅他了，他想独吞我身上的那块鹿肉，他想活着见自己的母亲。此后，我们谁也没有再提及此事，我还是把他当成好朋友。但是有一天，他跪下来，乞求我的宽恕，并且要说出真相，我打断了他，没让他说出来。但是从那以后，他对我一直非常感激，非常尊重。"

善良的安德森用宽容对待了差点打死他的莱恩，得到了莱恩的内疚和对他的尊重。可想而知，如果安德森当时指责莱恩，那么他们可能就会反目成仇，当时就拼个你死我活。或许他们都不可能活着回到祖国。

可见，宽容是获得尊重和谅解的最好方式。

心灵感悟：

　　富兰克林曾说："对于所受的伤害，宽容比复仇更高大得多。"只有宽容别人，才能使自己的心灵得到释放，才能更好地与别人相处。宽容是一种涵养，也是一种境界。拥有广阔的胸襟，对人、对事能够做到容纳与接收，这是一种对美的追求与体现。女人的宽容是一种美，也是一种力量。当你选择宽容时，你就给这个世界无比的荣耀，而你将会得到这世界最美的祝福。

学会放低姿态

张敏是一家律师事务所的律师，刚刚从海外留学归来。经过几年的努力，现在已拥有博士的身份，又在国外"镀了金"，自然就有些得意，人也变得飘飘然起来。有一天，她到邮局去办事，负责接待她的那个人态度很生硬，差点把她给气个半死。她心想，一个邮局小职员有什么了不起的，说话那么生硬，她决定向对方领导投诉，结果找到领导一看，她才发现这个邮局的主管竟是她的老友。见到老友后，她把事情的前后过程讲了一遍，然后态度强硬地说道："告诉他我的身份！并告诫他态度给我好一些。"听完她的要求，朋友苦笑着点头，答应了她的要求。

没过几天，张敏有事再次来到邮局。不巧的是，还是上次那位接待员接待了她。她原以为对方知道自己的来头，一定不敢对自己无礼了。然而，让她郁闷的是，这位接待人员的态度非但没有改好，反而更加过分。接待员对她百般刁难，简直让她郁闷到了极点。

气愤之下，张敏直接去把主管老友找来，向他抱怨道："去告诉那个员工，再提醒他一次我的身份，叫他给我客气一点。否则，我让他吃不了兜着走。"看着她愤怒的表情，老友只是笑笑，答应了她的请求。

两天后，张敏又到这个邮局去办事，真是冤家路窄，她再一次见到那个接待员。这一次，对方不仅没再为难她，反而满脸堆笑地与她说话，态度极为亲切。见到对方态度转变，张敏很得意。办完事后，她打电话向老友道谢："谢谢，你终于替我好好教训他一顿。"听到她的话，老友回答道：

"不，我并没有替你教训他。非但如此，我还告诉他，你一直表扬他做事谨慎，待人有礼。"听了老友的话，张敏很惊讶，也很纳闷，半天说不出话来。主管接着对她说："很多时候，低姿态比高姿态更有用。"

心灵感悟：

> 高姿态处世，难免会侵害到他人的利益，对自己也不是好事。聪明的女人要明白，主动放低姿态，以平常心交往，才可以获得他人的尊重和赞誉。做一个聪明的女人，从现在开始，放低姿态，少一些计较，你会发现生活原来这么幸福！

谦虚做人才能上进

程佳英大学一毕业，便进入一家大公司担任秘书工作。原本聪明能干的她，经过努力很快便受到领导的赏识，没过多久，她便被部门经理推荐到一个关键部门担任主管。升职后，她认为自己的身份今非昔比，心理和态度也发生了很大变化。渐渐地，和同事们在一起相处时，她越来越自大，做起事来也总喜欢摆架子，时常炫耀自己的才能，以成功者自居，因而，最初的那些朋友也渐渐远离她。

半年之后，公司决定提拔她到分公司担任经理。还没有接到调令呢，她的架子摆得更大了。每天看着手下的员工，她总是挑刺，认为这个做得不够好，那个工作效率低。因而，她会经常呵斥手下员工，还指责办公室的同事们这个有缺点，那个有错误，不仅弄得自己筋疲力尽，还使大家苦不堪言。

前几天，公司里新进了一个项目，高层领导让大家商量着拿出一个方案来。对于这样的事情，同事们根本没有表达的机会，因为，与其说讨论问题，倒不如说是程佳英在指导大家如何做。每次她都按照自己的思路要求大家，即使有人提出异议来，她也根本不考虑。大伙拿她也没办法，即使有再好的建议，她也不会采纳的，谁让她现在受老板重视呢。讨论会只是走了一个形式，最终还是按照她的方案在走。可是，事情就出在这个方案上。在后期执行过程中，出现了很大的问题，给公司带来了巨大的损失。高层开始着手调查原因，大伙把平日里的不满全部说出来，自然就追查到她的身上。

面对这样的结果，总公司有些不相信，又派人去调查下面的员工，调查的结果可以想象，肯定不利于她。因而，没过多久，公司便因为方案及领导方式的问题，免去了她的职位。一下子，她又回到原来的位置上，想想昔日的风光，再看看现如今的落魄样，在自尊心的驱使下，她最终辞去工作。

心灵感悟：

"满招损，谦受益"。一个女人如果不懂得谦虚处世，到头来就会像故事中的程佳英一样众叛亲离。谦虚是中华民族的传统美德，在人际交往中，如果女人懂得谦虚一点，遇事多向别人请教，不仅可以体现出对别人的尊重，还会让自己学到更多的东西。谦虚的女人是具有独特魅力的女人，这种魅力能够推动你在事业上和生活上的成功。

要想抬高身价就要先放低身段

玛丽是一个非常聪明的女人，她从小到大学习很用功，最终从闻名世界的哈佛大学学成归来。并且，毕业时，她已经拿到硕士学位和博士学位。凭着自己的学历，她认为找到一份理想的工作应该不是什么难题。然而，当她迈向社会，开始自己的职业生涯时才发现想找到一份称心如意的工作并不容易。很多企业对她的简历根本就视而不见，没有一家企业愿意雇佣她。看看

身边那些学历不如自己的人，一个个都能找到工作，她的内心有些失落。突然，脑海中闪现一个念头，何不把自己的学历藏起来呢。

无奈之下，玛丽决定在自己的履历表上写上高中学历。出乎意料的是，这下她竟顺利通过面试，走进一家企业。虽然，底层的工作对于玛丽来说有些累，然而，她并没有因此而放弃。她每天总是勤勤恳恳地工作，并出色完成了领导交给她的任务，很快她的出色表现引起上司的重视。不久，上司便把她叫进办公室了解她的个人情况，她才说起自己的本科学历。领导微笑着望着她，并没有多说什么。不久她便被上司提拔为车间主任。

在新的岗位上，玛丽并未止步不前，而是更加努力地工作。闲暇时间她也没有放松，把更多的心思放在管理上，放在如何提高工作效率上。经过努力，她领导的车间无论是在生产质量上，还是在生产效率上都远远超过其他几个车间。她所做出的成就再一次引起领导的重视，受到领导的赏识。她又一次被叫进领导的办公室，领导先是让她谈一些想法，针对当前的公司现状提出一些个人意见。对于领导的提问，她都能一一做出回答。看着领导不时地点头，她知道自己工夫没有白费。当她回答完问题以后，领导问起这些想法都是从哪里得来的，她才慢慢地拿出自己的硕士学位证。

她的能力得到证明，领导决定给她安排新的工作。在新的工作岗位上，玛丽没有让领导失望。有一次，公司遇到一个难题，领导也想不出解决方案，最后还是玛丽发挥自己的才能解决了这个难题。在与上司的进一步交谈中，玛丽才把自己的博士学位证拿给领导看，领导对她是更加器重了。她原本以为领导知道了真相后会怪罪她呢，可是看到领导的表情，她的心里已多少有了把握。没过几天，她便接到新的任命书，这次玛丽终于找到适合自己的工作了。

心灵感悟：

在人际交往中，女人放低自己的身段，藏起自己的锋芒，看似是一件吃亏的事情，其实不然。一个女人，如果自命清高、目空一切，除了会让别人远离自己，根本不可能取得事业的成功。做聪明女人，放低身段，与周围的人和谐相处，才会得到周围人真正的赞誉。

帮助别人就是帮助自己

韩梦是位高中老师，在她任职的那些年汪洋给她的印象最为深刻。一个瘦瘦小小、有些弱不禁风的小丫头，却聪明得很，只是不愿意与其他同学交往。韩梦为了帮助汪洋转变孤僻的性格，就任汪洋为学科代表，经常让汪洋组织班级活动，久而久之，汪洋变得活泼开朗，一旦遇到不理解的难题，便向韩梦请教，两人的关系可谓亦师亦友。

多年后，韩梦的儿子高中毕业，想考一所重点美术院校，可苦于无人推荐。巧合的是一次同学聚会，韩梦无意中得知汪洋刚好在那所美术学院任教，于是就与汪洋取得了联系。

起初韩梦以为汪洋会因为为难而推脱，可没想到她居然爽快地答应了。韩梦有些不好意思，但汪洋说："当初若没有韩老师的关照，想必也没有学生今天的成绩。"虽然韩梦的儿子是凭真本事考上的，但如果没有汪洋当初欠下的恩情，估计连考试的机会都没有。

心灵感悟：

　　睿智的女人懂得，人情投资是一本万利的事情。乐善好施、成人之美之心会给自己的人生之路铺下好人缘的垫子，你最终会因为你当初的一点小小的举动而在以后的日子受益颇多。

人微言轻，人贵言重

　　小小在汽车公司里做销售，一天，一位顾客看上了她们公司的一部汽车，但是因为价钱的原因，让顾客很难下定决心把它买下来。

　　这位已经是第五次来看这部车子了。小小看出顾客是真的喜欢这部车，就试着去说服他买下。

　　"先生，你很喜欢这部车吧？"小小微笑地对那位顾客说。

　　"是啊，我很喜欢，可是价钱有点贵，超出了我的预支范围。"顾客很可惜地说道。

　　"其实，钱并不是很重要，重要的是这部车能带给您的成就感，还有它独一无二的安全保证。"

　　"怎么说呢？你怎么就说它的安全保证是独一无二的呢？"顾客很疑惑，不是车的安全保证都一样吗？

　　"也许您很怀疑，我可以很明确地告诉您，我们公司推出的这款车，是经过专家多方面认可的，很多鉴定安全系数的技术人员，也都鉴定过这款车。所以，我才敢说，这款车的安全系数是最棒的，而这个价位买份安全回家也是最划算的，所以，先生，它并没有多贵是吗？"小小的话，让这位顾客很心动，但是还在犹豫。小小看了看顾客接着说："先生，我认为，如果我丈夫买回车的同时，还能买回一份安全的保证，作为妻子的我也会很高兴的。"

顾客觉得小小说得很有道理，但主要还是小小的那句专家、技术人员认定，让他心动了。于是，他就在下午买走了这辆车。

♡ 心灵感悟：

现实生活中，在说服别人的时候，适当的引用一些权威的话会达到意想不到的作用。例如，如果你告诉你的朋友某种水果的营养价值很高，你肯定会不以为然，但如果是某个健康专栏的专家说的，那么你一定会记下来，告诉朋友或反复强调自己要多吃这类食物。女人，要善于利用权威效应，这样做起事来必定会事半功倍。

适当的反击是必要的

张蕾在一家香水公司上班，新来的主管是老板的远方亲戚。经常对她们指手画脚的，但是在老板面前又表现得唯唯喏喏。

一天，张蕾把新发行的香水报告放到桌子上，主管就过来对张蕾说："下次有这样的文件，直接送到我办公室里就好了，记住啊，不然扣掉你这个月的奖金。"说完就扭着水桶腰走出了张蕾的视线。张蕾并没有把主管的话放在心上，几个小时后主管就把张蕾劈头盖脸地骂了一顿，这是张蕾工作以来第一次因为没有理由被骂，她很生气，觉得不能再这样对主管忍让下去了。

"主管，你骂我，批评我可以，但是你总得给我个理由吧。"

"你要什么理由，就是你不对。"主管表现得理直气壮。

"那好吧，我们就到老板那里评下理吧，这个世界总有人主持公道吧。"

"别以为拿老板压我，我就会怕你。"

张蕾想也是，于是就把这件事情放在了心里。没过几天张蕾负责一个香水发布会的布展工作，因为那天主管没有准时到来，让张蕾抓住了机会。等到主管来的时候，张蕾就当着老板巧妙地把主管讽刺了一番。之后，主管再也不敢找张蕾的麻烦了。

生活中，就是有些人总是恃强凌弱，面对这样的人，女人应该变得比他更强。

阮燕的邻居为盈就是一个很典型的恃强凌弱的人，平常看见没有自己过得好的人就不停地奚落，而碰到比自己过得好的人就要巴结。

那天，阮燕下班回家看见为盈把自己家里的鞋盒都堆放在自家的门口。于是很生气地敲开了为盈家的门。为盈一看敲门的是阮燕，笑着的脸马上冷了下来。"你为什么把东西都堆到我家门口？"阮燕很生气地说。

"谁说是你家门口了，这不也是我家门口吗？"为盈轻蔑地笑着说。

"为盈，你不要欺人太甚了，人的忍耐都是有限度的，之前的也就算了，但今天，你必须给我个解释。"

"和你有什么好解释的，就是堆放到你家门口怎么了，放在那里是看得起你家。"为盈很快地把门关上，也把阮燕的耐心彻底地关在了门外。

第二天，阮燕也同样地把自己家的垃圾都放在了为盈的门口，在和为盈说了同样的话，还说这是跟为盈学的，为盈气得半死，也领教到了阮燕的厉害，之后再也不敢招惹阮燕了。

心灵感悟：

生活有些事情是退一步海阔天空，然而有的时候一味的退让也是不行的，这样会让欺负我们的人更加肆无忌惮。面对一些欺软怕硬，恃强凌弱的人，女人就应该强硬起来，以牙还牙，保护自己的利益。

不做"小心眼"女人

周芸是个典型的小心眼的人，为了一点小事，常常和身边的人大动肝火。一天，自己家里的浴缸坏了，便和好朋友张亚去洗浴中心洗澡。

她们洗完出来付钱的时候，粗心的张亚说自己忘记带钱了，当时周芸就把两个人的一起付了。

可是回家后，周芸越想越不对劲，老觉得是张亚有意占自己的便宜，心里很不舒服。周芸在和张亚单独相处的时候，也经常暗示张亚那天洗澡的事情，可是大大咧咧的张亚早把这件事情忘了。周芸几次暗示也没用，于是就更加肯定是张亚故意的。

一天，很多人在张亚家玩牌，周芸当着所有人的面就把那件事说了。张亚才想起有这么一回事，于是就把钱还给了周芸，而周芸也就心安理得地拿了。

晚上睡觉的时候，张亚的老公对她说："你以后少和周芸那样小心眼的人来往，不就是几个洗澡钱吗？至于当着所有人的面和你要吗？"张亚听老公这么一说，也觉得周芸这个人挺小心眼的，也就慢慢地不和她来往了。

心眼小的女人比较敏感，爱胡思乱想，常常会让身边的人感到头疼，久而久之，身边的人就会离她远去。

那天，边艾本来是要和老公去参加表妹的婚礼的，但是因为老公下班晚了，耽误了时间。于是，边艾就生气了，觉得老公是在放自己的鸽子，背着包就回娘家了。

"你不是去参加你表妹的婚礼了吗？怎么跑回来了？"妈妈看到边艾进门好奇地问道。

"被放鸽子了。"边艾气呼呼地坐在沙发上说。

"怎么了？"

"妈，你别问了，我烦着呢。"说完就回自己屋里了。没过几分钟，边艾的老公就追过来了，和岳母说明情况后，边艾的妈妈才知道自己的闺女又耍小性子了。

于是就劝道："人家哪放你鸽子了，那不是工作没办法吗？如果他什么也不干，就在家里陪你，那他拿什么养活你啊，傻孩子，如果是你的公司有事，回来晚了，你老公会和你生气吗？"边艾听自己妈妈这么一说也有一点道理。可是为什么老公不提前说呢。

"我不是怕你生气吗？以为是可以赶回来的。"老公适时地解释道。

"快去吧，离婚礼开始还有段时间，你们赶紧走吧，边艾不准小心眼了啊。"边艾的妈妈把边艾他们送出了家门。

心灵感悟：

　　"小心眼"的女人敏感多疑，遇到一点小事就生气，不懂得包容与谅解，这样的女人常常会弄得自己一肚子气，还会让身边的人跟着不开心。"小心眼"女人的人缘往往是比较差的，因为没有人喜欢莫名其妙的就成为她生气的对象。女人，远离小心眼，做一个心胸开阔的人吧！

第三章
关爱在人间，温暖心灵

　　平静地看待生活，然后把温暖带给别人，同时传递温暖，世界因互相关爱而处处充满幸福。女人，拥有一颗关爱他人的心，才能让自己的生活更有意义，才能让自己的生命更加饱满。

在爱中盛开美丽的花

台湾的某地一对儿以拾破烂为生的夫妻，在一次拾破烂过程中拣到一个被遗弃的女婴。俩人的生活本来就很拮据，再加上一个孩子，无疑是雪上加霜，俩人激烈争吵过后，决定抚养这个可怜的孩子。从此以后，俩人工作（拣破烂）就更加地辛苦了，为的是一个没有血缘关系的拣来的女婴！从喂奶，到学走路，到学说话，俩人的心血就全部倾注在这个女婴身上！同时他们也放弃了自己生孩子的机会，全力抚养着个女孩子，让她成人，成才！

到了上学的年龄，他们送孩子去上学！夫妻俩的担子一天比一天重！但他们什么也没有说！默默地奉献着。孩子一天天地长大，知道了自己不是爸妈亲生的，整整哭了两天！她的学习成绩永远是班中的第一名，学校的第一名！当女孩上高中时，她的父亲终于因劳累过度，提前离开了这美好的人间！"让孩子成才"，这是她父亲走前的最后一句话！重担压在了母亲的身上！女孩以出色的成绩上了远方的一所名牌大学！母亲感到欣慰，但是，随之而来的是几千元的昂贵学费！假期间，女孩打工，妈妈借钱！开学日期一天天近了，可学费仍没有着落！在无奈之时，丈夫生前遗嘱："让孩子成才！"又回响在耳际，于是偷偷地背着孩子卖血，好几次！终于在开学之前将学费筹齐！女孩上学走了，很远，为了节省费用，女孩大学四年没有回过一次家！自己在外面打工，每月往家里寄信，告诉妈妈自己的情况，妈妈每月回信并准时将生活费打在她的账号上！

四年时间转眼过去了，女孩毕业了，她要回去了，为了给妈妈一个惊喜，她没有告诉妈妈。

下了车，她带着那颗激动的心飞奔到全村唯一的土房子，唯一的一个矮小的房子前————她的家啊！但是生锈的锁让她意识到出事了，但转念一想，不，妈妈还每月给我回信，打生活费呢！开了门，里面布满了灰尘，妈呢？问了邻居，邻居说："你妈三年前劳累过度已离开了人世！""不、不、不可能！我妈每月还给我打生活费呢！！"女孩咆哮道！邻居告诉了事情的一切！你妈三年前病逝之前，告诉了护士还有一个女儿在上学，立下遗嘱，将所有可以卖的器官全部卖了，包括：眼角膜、肾、肺……让护士每月给你打生活费，并以你妈的身份回信！女孩哭了，那天她跪在母亲和父亲坟墓的面前，哭了好久好久！她写下了一首诗。最后，这首诗被一作曲家发现，谱上了曲，变成了这首感动无数中国人的《感恩的心》！

心灵感悟：

英国作家萨克雷说："生活就是一面镜子，你笑，它就笑；你哭，它也哭。"你感恩生活，生活就会赐予你灿烂的阳光；你不感恩，忽视身边的幸福，最终会一无所有！女人，常怀一颗感恩的心，伴随着你的必然是温暖、自信、善良等这些美好的人类品质，而你的生活也会因此变得格外幸福。

有一句话叫谢谢

连着两个礼拜，先生总是在小女周末回家的晚上很起劲地烧上一盆糖醋小排，起因是之前的某个晚餐，先生曾烧了一碗糖醋小排，女儿吃了便说："老爸，你烧的糖醋小排比学校外饭店的还要好吃。"这话很真实，先生的厨艺是家族中有名的。但随后的话即刻令我大吃一惊，女儿说："爸，我知道的，你是把爱心给烧了进去啊！"

印象中，女儿从小就是个大大咧咧爽直独立的女孩子，从来不像一般的女孩那样娇嗲，还会说很多的甜言蜜语。记得有次陪着她在医院打点滴，她

也只说了一句做妈妈真的好辛苦哦。虽然我习惯唤她：囡囡，她也大声应答，但想要从她口中听到对父母的表扬并且是用如此甜腻的话来表达，真的很不容易。所以难怪，她的老爸在得意地转述给我听时依然陶醉其中，神智不清，然后每周糖醋小排殷勤伺候，而我在最初全身的立毛肌全体起立运动之后却感到了非常非常的满足。

我曾见到过一个女孩，因为她的父母没有能像某某同学父母那样拥有大房子和小车，所以，她认为做父母的自己也没有达到孩子的需求时，就没有资格和权利来要求小孩子去怎样怎样地做，其实她的工薪父母已为其提供了不错的学习条件，并且培养她弹琴到了高级程度。最令人不解的是，当那个母亲当着孩子面转述那些话时，居然没有指责反而谦恭地说："是的，是的，我们今后一定会努力。"

如果你在这世上得不到自己孩子的感恩，无论那是怎样简单干脆或者甜蜜肉麻的话语，甚至一些不切实际的幻想许诺，诸如将来买蓝色的宝马或游艇给你等等，那你一定是会伤心的。因为普天下所有父母其实都很在意自己孩子的话，它们是那样深地铭刻在父母的心中，让他们感到辛勤的回报，感到人生的甜美，感到生生不息的希望和拥有的爱！

在越南旅游时我记住了一个词："感恩"，中文意思是谢谢，虽然友人说发音不太准，但我固执地认为相当正确，因为它们的意思竟是如此地贴切。

因为感恩，所以谢谢！

心灵感悟：

可怜天下父母心，父母为了我们的成才，付出了一辈子的心血。女人，应该学会感恩。怀着一颗感恩的心，孝敬父母，理解爱人，关爱子女，在爱的包围中会觉得十分幸福和满足。感受生活，记录幸福的一点一滴也是一种感激。当我们学会了感激，我们就懂得了生活。

爱的教育

怡晴是一个不幸的女孩。在她很小的时候，一家人出外度假时遭遇车祸，父母双亡。病弱的奶奶靠着低保生活，当时正念中学的她不得不含泪辍学，在城隍庙靠摆地摊维持生计，和奶奶两人相依为命。

一天清晨，怡晴经过城隍庙出口时，看到一个外国人被几个提篮小贩团团围在中央，想走走不了的样子。于是，英语功底还算不错的怡晴主动上前帮着替这个外国人解了围。在交谈中怡晴得知这个外国人来自美国，名叫霍卡。

霍卡在美国华盛顿州一家证券投资公司工作，这次是奉命出差到中国做前期市场调研。公务忙得差不多了，就想起来随便出去走走，没想到语言不通为他带来了很大的麻烦。

那天，怡晴带着霍卡游览了人民广场和外滩，又亲自送他返回入住的宾馆。霍卡了解到怡晴自学了大学英语，还曾经获得过地区学生英语比赛奖，只因家庭变故才不得不辍学养家糊口，不禁对她产生了深深的同情。

离开中国前，霍卡给怡晴留下了自己的电子邮件等联系方式，并一再掏出几张美元以示谢意，都被怡晴婉拒了。

这年8月底，学校的老师突然来家里找怡晴，让她复读，并说学校答应免收学费。9月，怡晴重返学校后，老师告诉她，她作为特困生，获得了一位不愿透露姓名的爱心人士资助，不仅解决了学费问题，每月还有200元的生活费。

有了这笔资助，怡晴顺利地读完了高中，并考上了一所商务专科大学。

饮水思源，怡晴找到高中班主任邱老师，央求老师无论如何告诉她资助人的信息。老师拗不过她，只得告知真相：原来资助人正是远在美国的霍卡。在与怡晴相处的几天，霍卡被她的坚强和自立深深打动了，很想帮助她，可是怡晴一再拒绝，于是霍卡只好暗中资助。

怡晴听了班主任的话，难抑激动的心情，马上到网吧给霍卡发了一封表示感谢的电子邮件。霍卡很快回了信。

四年大学生活很快过去，怡晴与相恋已久的男友一起创业，四处筹措资金，注册了一家商贸公司，专做外单服装业务，不出一年，公司赢利近10万元。

这年年底，怡晴发现霍卡很久没有上网，忍不住给霍卡打了个越洋电话。让她震惊的是，霍卡情绪低沉地告诉她说："我破产了，一切都完了……"

原来，美国次贷危机爆发，霍卡所在的投资公司破产，他欠下了巨额债务。由于不断有债主登门索债，妻子带着孩子离家出走。更糟糕的是，在这个关头，霍卡被查出患了前列腺癌。

想到恩人身陷绝境，怡晴下定决心，把霍卡接到中国来帮他治病。

为了给霍卡治病，怡晴花掉了自己辛苦积攒下来的大部分积蓄。还因为经常看护霍卡，无暇顾及业务，导致公司生意一再滑坡。男友为此和她争吵过很多次，最终选择离开。

终于，奇迹发生了，一年多后，霍卡不但把自己的经历写成了一本书，还顺利地接受手术，身体恢复情况良好。让霍卡意想不到的是，怡晴几次给他的妻子打越洋电话，告诉霍卡的情况，劝说她回到霍卡的身边，让他重新振作起来。怡晴的善举深深震撼了远在美国霍卡的妻子，没过多久，霍卡的妻子乘坐飞机来到中国，两人和好如初，霍卡回到了美国，与家人团聚。

在霍卡和妻子临登飞机时，两人转回头良久地注视着怡晴不断地挥着手。

那时，怡晴突然想起一首歌《永远的朋友》：

这是值得你一辈子铭记的时刻／永远的朋友／你将用心去感受／无论我们用何种语言／再大的风雨我们曾经一起走过／记得我是永远的朋友……

心灵感悟：

苦难见真情，付出与感恩闪耀着人生的光芒。感恩，不是为了求得心理平衡的喧闹的片刻答谢，而是发自内心的无言的永恒回报。感恩生活，让生活充满阳光，让世界充满温馨。感恩，是值得女人用一生去完成的一次世纪壮举，是值得女人用一生去珍视的一次爱的教育。

踩着荆棘花走过人生路

"当然13年前，当黛特太太走进我们花店的时候，就像您现在一样，她觉得生活中没有什么值得感恩的。"店员解释道，"当时，她父亲刚刚去世，儿子吸毒，她自己又正面临一个大手术。我的丈夫也正好在那一年去世，"店员继续平静地说道，"那是我一生中第一次孤身一人在异乡过感恩节，别人该有的一切我一样都没有。"

"那你怎么办呢？"莎莉问道。

"我体会到一个道理，人需要为生命中的荆棘感恩。以后每逢在感恩节时，我都会向老顾客们赠送一束又长又多刺的玫瑰花枝，为的是让彼此珍惜眼前的幸福。人只有在失去的时候，才懂得珍惜。为什么我要被生活主宰呢？不如在未失去之时，就好好珍惜来之不易的幸福。"

店员停了停，声音显得有些哽咽："我花了很长一段时间才明白，原来黑暗的日子也很重要。我一直都品尝着生活中的'花朵'，但是，荆棘使我明白了上帝的安慰是多么的美好。你知道吗？《圣经》上说，当我们受苦的时候，上帝就安慰我们，借着上帝的安慰，我们也学会了安慰别人。"

莎莉的心被深深地震动了，她想起自己的不幸，想起自己失去的孩子，丈夫失去了工作……眼泪从莎莉的面颊上滑落。

店员递给她一张面巾纸，继续小心翼翼地说："以往的经验告诉我，荆棘虽丑，却能够把玫瑰衬托得更加美丽。人在遇到麻烦的时候会更加珍视上帝的慈爱和帮助，我和很多人都是这么过来的。因此，请您不要恼恨荆棘。"

听完店员的话，眼泪从莎莉的面颊上无声地滑落下来。她抛开怨恨，哽咽道："我要买下那束带刺的花枝，我该付多少钱？"

"不要钱，这是我们店免费赠送顾客的。希望您以后快快乐乐的就好。"店员微笑着递给莎莉一张卡片。莎莉打开卡片，上面写着：

人生少不了坎坷，磨难——犹如玫瑰的荆棘花枝，请您坦然面对，生活将掀开新的一页，或许它很美。

不要以为自己经历过痛苦，人生就一片灰色，有什么值得悲伤的呢？无论生活让我们经历了什么，我们都应该感恩，感谢生活赋予我们的无尽财富和亲人与朋友给予我们的爱。

心灵感悟：

是挫折让我们变得坚强，是阻拦让我们学会了睿智，是坎坷锻造了我们坚定的意志。所以，在我们成功的时候应该感恩荆棘花。女人，因感恩而变得宽容，又因宽容而在走过人生的风风雨雨后还能保留最初美好的样子。

失败中依旧保持宽容

丽子能够胜出，只不过是因为多写了一封表示感谢的信。

丽子失业了，事情发生得并不突然。大约一个月前，主管派给她的工作开始越来越少，连以前有她负责的一部分会计业务也派给了新来的人。丽子不知道自己哪儿出差错了，可是，公司里的人简直把她当成了空气。

周一开会时，除了她之外，所有人都去开会了，丽子再也忍受不了，愤然提出辞职。

她已经在这家公司干了5年，她一直以为将在这里做到退休，然后拿着一笔退休金颐养天年。然而，一切成了泡影。

这一年，丽子的儿子刚刚降生，母亲帮她照顾儿子，面临巨大的生活压力，丽子清醒地意识到，重新工作迫在眉睫。作为家里的主妇，自己存在的最大意义，就是和丈夫一起撑起家里的生活。

现在，丽子每天的工作就是趴在电脑面前疯狂地投递简历、找工作。可是，面对每个岗位几百人的竞争，投递的简历总是石沉大海，没有消息。

终于有一天，丽子在报上看到一则招聘启事，有一家物流公司招聘办公室财会人员，虽然离家距离远一些，但待遇还算不错。于是，丽子揣着资料，满怀希望地赶到公司。应聘的人数超乎想象，很明显，竞争异常激烈。经过简单面试，公司通知她一个星期后参加笔试。

凭着过硬的专业知识，丽子在笔试中轻松过关，两天后参加复试。她对自己的工作经验很自信，坚信面试不会有太大的麻烦。然而，考官的问题是她对自己未来的人生规划……

从那栋气派的办公大楼走出时，丽子自我安慰地苦笑着：人生规划这个问题，她不是没有想过，但面对现实生活，她首先需要的是解决最基础的温

饱问题。

尽管应聘失败，但丽子也有一丝收获，毕竟面试官谈的一些话题令她耳目一新。她还是很感谢对方给过自己一次宝贵的机会。于是她给这家公司写了一封电子邮件：贵公司花费人力、物力，为我提供了笔试、面试的机会。虽然落聘，应聘使我大长见识，获益匪浅。感谢你们付出的劳动，谢谢！

这是一封与众不同的信，落聘的丽子没有表示不满，而是从自己的身上做出反思，然后给公司写了一封感谢信，这样的事真是闻所未闻。这封邮件被面试官保存下来，并复制了一封发给总经理。公司高层看了邮件后，也被感动了。

两个星期后，丽子意外地收到那家日资公司的电话，说经过经理层会议讨论，她已被正式录用为该公司职员。

心灵感悟：

对生活常怀有一颗感恩之心的女人，即使遇上再大的灾难，也能熬过去。感恩者遇上祸，祸也能变成福，而那些常常抱怨生活的女人，即使遇上了福，福也会变成祸。以感恩的心态面对一切，即使遭遇失败，人生也会变得异常精彩。感恩能够增强个人的魅力，开启神奇的力量之门，发掘出无穷的智能。

上帝的恩赐

梅兰出生时患有严重的先天性心脏病，被人们在医院门口发现并送往孤儿院。很小的时候，她就发现自己身体的异常，死亡的阴影时刻笼罩在她身上。19岁那年梅兰认识了鲁尼，两人一见钟情。

正当两人准备结婚的时候，孤儿院院长告诉梅兰："梅兰，你不能结婚，你的心脏不允许婚姻生活。"梅兰听了如同晴天霹雳！她大喊道："可是我爱鲁尼，我愿意为他牺牲一切。""我知道，孩子，但那样不仅会要了你的命，而且也不会带给他幸福。"院长的语气充满了同情和无奈。

梅兰哭了，哭过之后她冷静下来，院长说得对，她无法给鲁尼所希望的正常的婚姻生活，甚至连孩子都不能为他生，她不能让所爱的人陪着自己一起痛苦。第二天，梅兰没有去学校，只给鲁尼寄了张便条，便离开了。

梅兰收拾行李到了长途车站，想远远地离开这个令她伤心的地方。她已经决定去遥远的地方，一个人静静地走完生命的旅途。

车上与梅兰挨着的也是个年轻女孩，活泼而漂亮，她叫哈维蓝。她告诉梅兰，她的父母在泽西相识相爱，所以每年4月全家三口都要去泽西岛。哈维蓝说："父亲说要在我每个生日之夜向上帝感恩，感谢他给了我们幸福的生活。"梅兰内心苦涩地想：这个女孩真幸运！

车终于到了目的地泽西岛，就在等候轮船的间隙梅兰发觉自己忘了随身带药，好心的哈维蓝主动提出帮她买药。不幸突然发生了，就在那一刻，一辆急速的货车冲过来，哈维蓝轻飘飘地飞了出去。

当梅兰从昏迷中苏醒，一切都改变了。哈维蓝永远闭上了眼睛，临终前她主动要求捐献身体器官。更奇特的是，哈维蓝的心脏和梅兰相配，现在，哈维蓝的心换进了梅兰的身体。

梅兰呆住了，过了好一会儿，泪水顺着她的眼角流下来。换了健康的心脏之后，梅兰和鲁尼开始了幸福的新生活。每年4月他们都要去泽西岛，在靠近岛上圣奥宾湾的一家小酒吧一直守到打烊时分，那曾是哈维蓝一家每年生日聚会的地方。但对梅兰，这不仅仅是怀念的方式，更是一种期盼。

第十年的四月，当夜晚降临时，在圣奥宾湾的小酒吧里，一对老夫妇走进来，选了个靠窗的位子坐下。梅兰坐在另一边，忽然感觉到一种异样的心跳，好像有种神奇的力量招引她起身走过去。迎着两位老人诧异而友善的微笑，梅兰拉过妇人的一只手抚在自己胸口，让心跳传递到对方掌中，两个人

凝望着，眉睫泪水涟涟。

一切都明白了，两位老人正是哈维蓝的父母。

这时鲁尼带着一个黄头发的小女孩走过来，梅兰拉过孩子，对两位老人说："这孩子真是上帝的恩赐，她的名字叫哈维蓝。"

一轮新月正悄悄自棕榈树梢升起，不远处的海面平静无波，泽西四月的夜晚给人一种别样的亲近感。

心灵感悟：

　　我们要感恩每一个人，因为每个人的内心都是不同的世界，与他们交流，都会给我们不同的启示；我们要感恩世界上的万事万物，因为它们给我们的，实在是太多太多……只要拥有感恩的心，就会看到不同的世界，发现更加美好的事物，内心才能得到快乐。作为女人，心中一定要有感激之情，才能享受美好生活。

小事中不能忽视的温暖

　　琳娜是贝德一家人的掌上明珠，上至爷爷奶奶，下至叔叔婶婶，所有的人都对这个漂亮的小女孩宠爱有加。她想要什么，动动嘴就有人送到她的手里，还不到10岁，这个花儿一样的小姑娘就开始变得任性自我起来。她喜欢接受人家的礼物，却从不向别人感谢，见到邻居也从不打招呼，妈妈贝德太太为此苦恼万分，她一直在考虑怎样让这个小女孩改掉这个坏习惯。

　　有一年，陶乐思阿姨送给琳娜一件昂贵的毛线衫，琳娜收到礼物后还是没有任何表示。

　　妈妈问她："你怎么不谢谢陶乐思阿姨？多不礼貌。"琳娜只是若无其事地耸耸肩膀，一句话也不说。妈妈再也忍不住生气了，于是大声说："现在，不准你玩玩具或穿那件新衣服，跟我出门。"

琳娜不知所措，站在原地还是不动。

"怎么了，妈妈，我们要去哪儿？"

"去买礼物。"

"给谁？是给我吗？"琳娜有点奇怪。

"不要啰嗦。"贝德太太斩钉截铁地说。

看着妈妈满脸铁青，琳娜不敢说话了，老老实实地上了车。

贝德太太说："我要让你知道，人家为了送你礼物，要花多少工夫。"

"现在，你在笔记本上记下我们离家的时间。"

来到镇里，琳娜记下抵达的时刻。然后跟着妈妈走进一家百货商店，一条通道一条通道地跟着妈妈选购礼物。女孩累得气喘吁吁，妈妈也不准她停下脚步。等所有的礼物终于买齐时，贝德太太带着女儿回家了。一进屋小女孩扔下手里的东西，便向电视机冲过去。贝德太太说："不许玩，还要包礼物。"

女孩垂头丧气地回到屋里，在妈妈身边坐下。

"记下到家的时间没有？"

琳娜点点头。

"好，现在请你记录包裹礼物的时间。"

女孩继续包礼物，贝德太太坐在她身边看着她做。终于，最后一个蝴蝶结系好了。

"我们花了多少时间？"

"买礼物用了两小时，往返时间40分钟，包装礼物用了30分钟。"

"还有邮寄礼物，一共需要花多少时间？"

琳娜计算了一下，答道："一共需要3小时零10分钟。"

"孩子，人家选购一件礼物寄给你，所花时间也许超过3小时甚至更

长，妈妈这么做，是希望你知道向别人表示感谢多么重要。这个要求并不过分，对吗？"贝德太太问。

小女孩默默地低下头，再也不说什么了。

心灵感悟：

　　一份小小的礼物，代表一份深深的情意；一封短短的谢柬，代表一份浓浓的谢意。对别人表示由衷的感谢，这很有必要。如果连给予别人这么一点的回报都不愿意，那么我们又如何去爱他人呢？让我们怀着一颗感恩的心，那么这个世界将变成美好的人间。

第四章
风雨中奔跑，刚毅心灵

未经历坎坷泥泞的路途，哪能知道阳光大道的可贵；未经历风雪交加的黑夜，哪能体会风和日丽的可爱；未经历挫折和磨难的考验，怎能体会到胜利和成功的喜悦。挫折是人生的一笔宝贵财富，只有笑对挫折的女人才会拥有战胜挫折的积极心态，拥有绚丽的人生。

战胜自己

日本著名的丰田汽车公司第三任总经理石田退三，被誉为"丰田复兴之祖"。他少时家里非常贫穷，年纪不大就到京都的一家具店当店员了。在家具店工作了8年，经朋友的母亲介绍，到彦根去做赘婿，可是，妻子家生活也不富裕。

无奈之下，他到了东京一家店里当推销员，实际上是推着车子去推销货物的小贩。他咬紧牙关干了一年多，没有太大成就，于是就离开这家店回到妻子家。然而，家里等着他的并不是温暖和安慰，而是鄙视的目光和令人难堪的日子。"没有用的家伙！"周围看他的目光也是鄙视的，岳母更是丝毫不留情。她说："我还没有看到像你这样没有用的人。"他的心情越来越低落，几个月后，他终于被逼得想要自杀。然而，就在他前去"琵琶湖"自杀时，突然间恍然大悟："如果我真有跳进琵琶湖的勇气，为什么不拿这勇气来面对现实，奋力拼搏，打开一条出路呢？我该尽最大的努力，克服重重困难，做出轰轰烈烈的事业给鄙视我的人看才是。"

石田忽然觉得一股强大的力量在他体内激荡，他已经克服了心理障碍，真正战胜了自己。于是，他搭上了回家的火车。从此，他不再自怜自叹，后来去了一家服装商店当店员。

40岁时，他到丰田公司工作，他不怕艰难，刻苦奋斗，全力以赴地投入工作。他处世得当的能力、一丝不苟的精神，深受丰田公司的创业者丰田佐大的赏识。在他50岁时，丰田派他任汽车工厂经理。53岁时，公司就把经营的大权交给了他。

石田对其不平坦的一生感慨地说道："人生就是战场，你要在这战场上打胜仗的法宝，就是斗志和努力。当你以顽强的毅力战胜自己、说服自己，你就走向了成功的人生。"

有个成绩优秀的女人，去一家大公司应试，结果名落孙山。这个女人深感绝望，顿生轻生之念，幸亏抢救及时，捡回一条命来。

不久又传来消息，她的成绩名列榜首，是统计成绩的电脑出了差错，她被公司录用了。

但很快又传来消息，她又被公司解聘了。理由是，一个连如此小小的打击都承受不起的人，又怎能在今后的岗位上建功立业呢？

这个女人虽然在考分上击败了其他的对手，但她没有打败自己心理上的敌人，她的心理敌人就是惧怕失败，对自己缺乏信心，无谓地给自己添加压力。当一个女人真正战胜了自己，那么，就没有任何事情能打败她。拉斐尔就是一个这样的人。

莎莉·拉斐尔年少的时候，立志要成为一名电台广播员，她从最底层做起，付出自己的努力，但运气似乎并不垂青她，在她三十几年的职业生涯中，她曾被电台、电视台辞退了18次。她在谈起过去的经历时说："我被辞退了18次，本来大有可能被这些遭遇所吓退，做不成我想做的事情，结果却恰恰相反，我让它们鞭策我勇往直前。"

正是因为莎莉·拉斐尔的执著与坚韧，才使她成了著名的电台播音员，成为美国和加拿大家喻户晓的人物。现在每天有超过八百万的听众收听她的节目，她已经是一名自办节目的主持人，并曾经两度获奖。

心灵感悟：

柯瑞斯纳说过："一个人幸福与否，不在于那些温和和客气的祝福，而在于他是否勇敢地接受他所面临的苦难与不幸。"女人的人生旅程有时一片光明，有时会一片黑暗；有时处于人生的巅峰，有时又会跌入低谷；有时春光灿烂，有时阴云密布。挫折并不会因

为你的逃避而不存在，真正成长起来的女人会勇敢地接受生活的考验，在哪里跌倒就在哪里爬起来。

逆风飞扬

在美国《财富》杂志首次进行的2001年度50位国际商界女强人评选中，维亚康姆公司旗下的MTV全球电视网中国区总经理李亦非荣幸当选。随后，李亦非还在《财富》选出的25位全球企业新星中名列榜首，并成为封面人物，为中国女性争得了荣誉。

对于李亦非的入选，《财富》杂志做了如下的评价："在她的带领下，通过MTV的节目为中西方年轻人的文化交流提供了一个轻松的平台，促进了中西方年轻一代的相互理解和沟通，这甚至比她为MTV中国区带来的利润更加具有影响力。"

李亦非能获如此高的评价和荣誉，虽和她MTV中国总经理的身份有关，但更与她的乐观自信，不懈努力有关。

作为全球三大传媒和娱乐业巨头之一的维亚康姆公司，多年来一直想进军庞大的中国市场，苦于没恰当的契机和合适的人选。37岁的李亦非，乐观自信，精力充沛，是维亚康姆的当家招牌MTV在中国市场开疆拓土的最佳人选。

李亦非走马上任后，大刀阔斧，努力拼搏，轰轰烈烈地干了起来。在她的带领下，MTV虽然尚未达到盈利目标，但其良好的发展势头却让人看到了希望所在：MTV1999、2000年连续与中央电视台举办两届CCTV-MTV音乐盛典，获得空前的成功，特别是2000年，此节目收视率曾高达7.8010，比上一年高了两倍；开辟了一档新节目《丽丽点唱机》，并把它推向全国；在维亚康姆总裁萨默·雷石东先生访华时成功地促成了在中央音乐学院设立奖学金一事；从2000年4月开始，先后在全国30个城市举行了"可伶可俐巡回"活动，在校园里邀请时尚女生上《MTV天籁村》节目，在年轻人中获得了良好的口碑；与新浪网合作，成功地举办了夏日演唱会，在社会上引起了巨大的反响。

李亦非的努力付出获得了世人的认可，但她心里明白，无论对她，还是对MTV，路还只刚刚开始。因此，成为《财富》封面人物的她，在接受采访时仍能谦逊平静地说："他们选中我，可能是因为我碰巧拍了一张比较好的照片吧。"

工作中，李亦非是美丽智慧的现代女性；生活中，她是一位勤快负责的妻子和温柔慈爱的母亲。李亦非的美丽是英姿勃发，神采奕奕，她更像是个丰神俊朗的翩翩美少年。

李亦非确实是个能够驾驭自己的高手，她不但把自己的生活安排得充实有序，还在安排自己未来的事业，这需要巨大的勇气和足够的自信。她对生活充满自信，乐观开朗的脸上经常挂着微笑，不管是工作的挑战，生活的压力，她都能以一种乐观积极的心态去对待。

李亦非对自己要求非常严格，她的座右铭是"不懈努力，从不放弃，从不拖拉，从不允许自己懒惰"，并且用乐观的心态不断激励自己克服对失败的恐惧。

李亦非似乎有无穷的精力，从她的脸上，找不到因压力、劳碌而带来的憔悴，只有自信的笑容。与她一起共过事的人都说："在她的手下工作压力非常大，因为她对工作要求精益求精。"李亦非自己也说："我从来不偷懒。你可以说我做得还不够完美，但你不能说我没尽力。如果你在小事情上苟且，那么你在大事上也一定是一个苟且的人。"

李亦非乐观进取的风格让人感到她确实渴望真诚地与你交流，而不是礼节性地敷衍了事。她每天打出去的电话比她接听的电话要多得多，这种主动沟通的欲望、能力与自信给她创造了一个又一个的机会。

心灵感悟：

困难不是生命意义的终止。有时，它是催促我们马上行动的催化剂，它刺激着我们，让我们主动去改变自己的状况。女人，要学会坚强，勇敢地接受人生的考验。

微笑面对困难

有这样一个寓言：有一天，农夫的一头驴子，不小心掉进一口枯井里，农夫绞尽脑汁想办法救出驴子，但几个小时过去了，驴子还在井里痛苦地哀嚎着。

最后，这位农夫决定放弃，他想这头驴子年纪大了，不值得大费周折去把它救出来，不过无论如何，这口井还是得填起来。于是农夫便请来左邻右舍帮忙一起将井中的驴子埋了，以免除它的痛苦。农夫的邻居们人手一把铁锹，开始将泥土放进枯井中。

当这头驴子了解到自己的处境时，刚开始叫得很凄惨。但出人意料的是，一会儿之后这头驴子就安静下来了。农夫好奇地探头往井底一看，出现在眼前的景象令他大吃一惊：当扔进井里的泥土落在驴子的背部时，驴子的反应令人称奇——它将泥土抖落在一旁，然后站到铲进的泥土堆上面。就这样，驴子将大家铲倒在它身上的泥土全数抖落在井底，然后再站上去。很快地，这头驴子便得意地上升到井口，然后在众人惊讶的表情中快步地跑开了。

事实上，女人在生活中所遭遇的种种困难挫折就是加在我们身上的"泥沙"。换个角度看挫折，它们也是一块块的垫脚石，只要女人锲而不舍地将它们抖落掉，然后站上去，那么即使是掉落到最深的井，女人也能安然地脱离险境。

《庞城末日》里有这样一个故事：

意大利古城庞培城里有位双目失明的卖花女，她叫倪娣雅，她是个非常乐观，也非常自信的女孩子。虽然失去了光明，但她却没有垂头丧气地把自己关在家里，而是像常人一样靠劳动自食其力。面对不幸，她没有抱怨，而是像平常人一样卖花养活自己。

有一天，维苏威火山爆发，庞培城也发生了大地震，整座城市被笼罩在浓烟和尘埃中，一片黑暗。人们跌来碰去地寻找出路却无法找到。倪娣雅虽然看不见，却因为这些年走街串巷在城里卖花，所以，她的不幸这时反而成了她的大幸，她靠着自己的触觉和听觉找到了生路，而且还救了许多人。

心灵感悟：

人生之路充满挫折与坎坷，美好的人生要在挫折中砥砺，生命的价值要在奋斗中升华！巴尔扎克曾经说过："挫折对于弱者来说是块绊脚石；对于强者来说，是块垫脚石。"没有经历过困境的女人是不完美的，能在困境中站起来并带着微笑的女人，才能体会到人生的精彩。

风雨中坚强的她们

在美国有位名为波基尔·连尔的女教授，她的自传体小说《我想看》轰动一时，成为畅销的名著。有谁知道，她50年如同盲人一样生活着。就是这样重度残疾的人因为不断为自己的生命银行增加快乐存款，从而赢得了生命的辉煌。

连尔出生在明尼苏达州一个叫捷因巴雷的乡村，少年时一双眼睛意外受了重伤，她只有从左眼角的小缝才能看到东西，即使要看书，也必须把书拿近，并紧缩眼睛的肌肉，使眼球尽量靠近左边。上学读书时，她只能把大铅字的书尽量靠近自己的眼睛，睫毛常常碰到书本。即便这样，她感觉所有的一切都比不上学习知识为她带来最大的快乐。她的成绩名列前

茅,这使她和父母都很自豪。看到别的小伙伴羡慕她成绩单的表情,她心中充满了快乐。

她从不封闭自己,快乐地和小伙伴一起玩游戏。那时候,她喜欢和附近的孩子玩跳房子。虽然看不见记号,但她会一直努力到把自己游玩的每一个角落都清楚地记清为止。这样,即使在赛跑,她也没有输过。小伙伴们也从来没嫌弃过她。正是凭着这股韧劲,后来她获得了明尼苏达大学的文学学士及哥伦比亚大学的文学硕士两个学位。参加工作后又成为奥加斯达卡雷基大学的新闻学和文学教授。

一个几乎失明的女性,能取得此荣耀足以骄傲了。但她不满足这些,除了教书外,还在妇女俱乐部讲授各种书籍及作者的生平,并客串电台的谈话节目。更为重要的是,她的小说《我想看》激励了许多人向命运抗争。

"在我心里不断地潜伏着是否会变成全盲的恐惧,但我始终以一种苦中作乐的勇气来面对生活,因为,我已经是个不幸的女人了,我不能给自己再增加不幸。"在谈到她的成功时,连尔这样写道。终于,在她52岁时,经过现代医学的诊疗,获得了40倍于以前的视力,人生在她面前展开了一个更为绚丽的世界。

连尔像一个在荆棘丛中采摘鲜花的女孩一样,时刻采摘生活的快乐放在自己的生命花篮里,尽管她已经被命运的荆棘"碰伤",但是,她却从没有陷入荆棘,而是用微弱的视力,享受着生命中的阳光,她就像凛冽风中的一朵奇葩,依旧张扬着美丽。

♥ 心灵感悟:

在生活中,无论是谁都难免会遇上挫折。女人的一生如果没有遇到过挫折,就不会感觉到酸甜苦辣的滋味,也不会感觉到成功的艰辛、成果的珍贵。面对挫折,有的女人选择逃避现实,消极厌世，借酒浇愁，在她们的眼里，挫折是灰色的；而有的女人却选择勇于面对，战胜挫折，化危为机，成就了彩色的人生。

恬淡谱写绚丽人生

她是一个自信而美丽的女人，凭借自己超群的智慧与才华在电影界创下了理想的佳绩；她那充满智慧而沉静的美丽面容，是华语娱乐圈中一道靓丽的风景。她真诚平和的话语、智慧闪烁的眼神，散发着恬淡而安然的气质。在积累人生经验的同时，也积累着人生的财富。她就是人生与财富双丰收的完美女性——张艾嘉。

1953年，张艾嘉出生于台湾嘉义，她出生不久便跟随母亲到美国定居，在美国接受了很好的教育。张艾嘉16岁的时候，从美国回到台湾，投身到五彩缤纷的娱乐圈中发展。由于她生性聪慧，在娱乐圈中取得了不菲的成绩。

1972年，她成功出演首部电影《龙虎金刚》，赚到了影视圈的第一桶金。从此，她与影视结下了不解之缘。1973年，她离开嘉禾，从事配音工作。在这段时间内，张艾嘉饱览数百部影片，并立下宏愿要当电影人。1976年，她在琼瑶影片《碧云天》中成功扮演一个女学生，凭借自己天生的艺术才能，将剧中角色扮演得惟妙惟肖，内涵与风度得到了很好的发挥。因此荣获金马奖最佳女配角奖，从此她的演艺之路呈现出辉煌之势。1981年，张艾嘉又得到幸运之神的青睐，在影片《我的爷爷》中扮演了一个中国传统女性的角色，再次荣获金马奖。

在影片中成功扮演角色，取得种种殊誉的张艾嘉决心成为一名电影导演。她认为：凭借自己的聪明才智一定能闯出一片晴空，打造成功的人生。

张艾嘉当上导演后，将自己的影片定位在探索敏感、丰富的女人情感世界上，她的努力始终都没有白费。1986年，张艾嘉成功导演并主演了影片

《最爱》，受到了观众的热烈欢迎。她将《最爱》拍摄成一部细腻精致的女性电影，用绵绵情意、缕缕情丝打动人们的心。她也因此荣获香港电影金像奖影后桂冠。

张艾嘉曾经亲自执导过两部有关移民题材的女性影片《我要活下去》、《少女小渔》。作为一位女性导演，张艾嘉通过简单明晰的处理手法，细致生动地执导了这两部影片。

由于她做出的不懈努力，2002年，张艾嘉成功荣获第21届电影金像奖"冷门"影后。

"阳光总在风雨后。"集编剧、导演于一身的张艾嘉可谓是名利双收，但是她却能平和、恬淡地看待这一切荣誉。她认为：要想保持旺盛的创作力，就应该有对金钱以及荣誉的超然态度，有一颗安然的心。

面对自己的功利荣誉，张艾嘉曾经坦然地说："我并不怕被淘汰，怕的是变老，这个老并不是指外貌变老，而是心态变老。我觉得从事创作的人心不可老，赤子之心理当要有。穷与富，有些时候体现在精神方面。当人变得只知道为了穿衣吃饭而奔波，你便会意识到这不是一个理想的生活形态。我一直希望自己不太有钱，有钱会使人变得很懒。"

一个在事业上成功的女人，也是生活中的真正强者。如今，张艾嘉已成为一个事业、家庭双丰收的幸福女人。她用自己的智慧理性证实着这一点。她敢爱敢恨，对于往复分合的婚姻，张艾嘉这样说："20岁时，我非常希望男人能够给我一个浪漫的情怀，使我拥有美好的未来。那个阶段对我来说，爱情十分重要，所以25岁时我就结婚了。但现实的婚姻不是我想象的那般模样。如果让我从25岁起，就做一个全职的太太，我会感到痛苦，所以我选择了离婚。我觉得男人和女人之间应该是平等的，并不应该以婚姻关系进行交易。"

婚姻并不是彼此间束缚对方的理由。许多女艺人无法将事业与家庭兼顾，张艾嘉却拥有了这些。她是一个理想的好太太、好母亲。以豁达的心态对待生活，就是张艾嘉心目中的幸福。

张艾嘉以自己的才华、风度和智慧理性的丰富内涵在整个娱乐世界里散发出魅力与光彩，她以自己恬淡而安然地心感受着这世界，享受着世界，并收获了心灵的安宁。

心灵感悟：

挫折，在它刺伤你的同时，也教会你人生的经验。聪明的女人懂得看淡挫折，从容面对风雨，像花开一样安然，像花香一样恬淡。

挫折丰富你的人生

一次聚餐，一位朋友对我说："在一个无人的荒野，有一位少女，一支笔，几张纸和一把锋利的刀。你想得到的是什么？"

我说："有点儿恐怖，这个少女不会是遇到什么想不开的事情要自杀吧？"

"你错了。"朋友说，"这位少女正在创作。这是一个无人的荒野，但景色非常秀美。少女先用笔将眼前美丽的风景画在纸上，然后再用锋利的雕刀将画做成立体的剪纸，少女一边做还一边开心地哼着歌，蝴蝶在她的身旁无忧无虑地飞舞，鸟儿在枝头欢唱，少女是那样的开心，那样的无忧无虑，就像飞舞的蝴蝶，就像欢叫的鸟儿，她已经与美丽的大自然融为一体，构成一幅完美的画。"

"这位少女真幸福啊！"我说。

朋友说："不，少女并不幸福。在她8岁那年，一次车祸中她的父亲就死了，母亲双腿截肢，整日卧床不能动。她从9岁开始就承担起所有的家

务，照顾卧床的母亲，家里买食盐的钱都得靠政府救济。"

"她真得很不幸！"我说。

朋友说："不，她是幸福的，虽说她的家很贫穷，但失去双腿躺在床上的母亲是乐观的，她也是乐观的。母亲给小女孩讲故事，教她念书识字。在那样艰难的环境中，她14岁就在家里读完了高中的全部课程，后来自己学纸雕画。因为她聪明好学，她做的纸雕画栩栩如生。一个工艺美术厂家以一张20元钱的价格跟她签了订购合同。原来她家一直领着政府的补贴，有了收入的她就主动跑到政府说，自己有收入了，钱不领了，钱给那些最困难的人家吧。就这样她靠卖纸雕画微薄的收入养活着一个家。"

"上苍还算有眼，小女孩真的很了不起！"我说。

"不！"朋友说，"其实有时候上帝也会嫉妒好人。就在女孩17岁的那年冬天，她的右腿开始疼痛，逐渐加剧，最后无法站立。被邻居送到医院后，确诊为恶性骨肉瘤，医生说最好的办法就是先截肢，也就是说她的右腿保不住了。在场的人听了这个消息后都哭了，原本她的母亲就失去了双腿，动弹不得，如今她再失去一条腿，这个家庭还如何支撑下去啊？医生征求她意见的时候，她忍着疼痛笑笑说，不怕，只要我的生命还在。"

后来手术做了，失去了一条腿的她生命能否保住，还是个未知数，医生说最怕的是病变。"

"这也太不幸了！"我说。

朋友说："不，她很幸运。她靠坚强的意志战胜了病魔，获得了新生，她又靠自己健全的双手还清了所有的欠款。如今，她的母亲依然健在，已经79岁，失去双腿的她身体依然很硬朗，这一切都应该归功于她的好女儿，是女儿用单腿支撑起了一个幸福的家。"

"这是个真实的故事吗？我能否见到主人公？我想去见见这个了不起的人。她是中国的'保尔·柯察金'，不，她比保尔·柯察金还要让人感动。"

朋友说："好吧！"

我们开车走了大约两个多小时，朋友在一个十分阔气的标志性建筑楼前停下说："这就是我上班的公司。"我很纳闷说："你不是带我去见那个女孩吗？为什么到你上班的地方？"朋友笑了说："你上去就知道了。"

让我没有想到的是这个女孩正是朋友的顶头上司，公司的董事长。她经营的新生工艺美术有限公司已经拥有上亿元的资产。然而当我走进她的办公室的时候，惊呆了，办公室除去一张普通的桌子，一个简单的书架，一盆生机盎然的绿色植物以外，简陋得让人无法相信。

朋友很礼貌地向董事长介绍了我，我上去跟她握手的时候，她从椅子上站了起来，一只手吃力地撑着桌面。

"听了您的故事，我很感动，你太了不起了！"我说。

她笑着说："你过奖了，我非常平凡。大家提到我的过去，都习惯用一个词是'不幸'，其实这是错误的，我是幸福的，也是幸运的，一直以来都是。在小时候的那次车祸中，父亲走了，很幸运我的母亲还活着。因为病魔我失去了一条腿，很幸运我的生命还在。我靠努力很幸运地拥有了自己的公司，现在我是900名员工的领导，是一个好母亲的女儿，是一个好男人的妻子，是两个乖儿子的母亲，你说我不幸福吗？"她说着开心地笑起来。

之后，朋友说："这么大的公司，你是不是感觉她很有钱？"

"是的。"我说，"这是她努力的结果，是应该得到的。"

朋友说："你又错了，她挣到的钱全捐献给了社会，她现在已经建了300多所希望小学，80多个敬老院，她自己却一无所有，节俭得有点儿苛刻。"

"不，她是富有的，她是这个蓝色星球上最富有的人。"我说。

一个单腿撑起一片天的女孩，让我明白了什么才是最富有的人生。

心灵感悟：

　　我们每个人都会害怕挫折、拒绝挫折，可我们却没有真正发自内心地思考过，其实挫折只不过是生活的一部分。正是这一小部分让我们每个面临的人更加坚强，更加成熟！正是因为这小部分，我们的生活才会精彩！

不要轻言失败

　　在2008年夏天，安彤顺利地考入一所知名大学哲学系。她在一次校内征文活动中脱颖而出，成功进入学校的校报编辑部。

　　四年时间转瞬即逝。安彤和她的学友们就要面临择业了。对于步入社会，安彤准备了很久，但是到最后还是感到有点迷茫，于是想先找一家好的实习单位，为将来工作奠定基础。

　　这一天，安彤买了一张地图，兴冲冲地出门了。"实习生又不要钱，多个白干活的有什么不好？"怀揣着这样的心思，安彤初生牛犊不怕虎，根据地图上标注的新闻单位地址，一家家找了过去。

　　"您好，我想到报社实习。"

　　"请找热线记者。"

　　"对不起，我们记者做不了主，这个事得有总编室的许可。"

　　"早报总编室现在不需要实习生，请找晚报吧。"

　　"对不起，晚报现在的实习生名额已满，你问问早报吧。"

　　"主任出去了，你下午再来吧。"

　　"哦，报社正在开会，你明天再来吧。"

　　安彤决定背水一战，走进当地一家著名报社，这里戒备森严，她只能够到达前台，而对方根本不给她任何机会。

于是，七月的酷热天，她坚持在报社门外等。每天早上，她都和前台小姐一起上班，倔犟地等着奇迹发生。后来前台小姐见到她的第一句话就是："你又来啦！"

第三天时，前台小姐劝她回家，说这里没有熟人介绍是不可能进来实习的。此时，安彤买的一张50元钱的电话卡已经打光了，一切都令人绝望。她不知道自己该去什么地方，所以还是一直等。站到第五天，一个记者看不过去了，主动告诉了她报社人事处长的电话。

处长接了电话："现在我们一般不接受实习生了……"眼看最后一丝希望开始破灭，安彤请求处长看一眼自己的简历。处长答应了。安彤拿着厚厚的简历奔向最近的复印店，并以最快的速度送到了报社大厅传达室。

接下来的等待焦急又漫长。下午3点钟，安彤打电话去，占线；3：30，被告知处长在开会；4:00，接电话者说处长刚刚出去；4：15，处长接了电话，但说还没有来得及看她的简历。

安彤急得都要哭了，她说，自己已经在外面等5天了，"什么？这些天你一直在报社外面？"处长很惊讶，口气忽然和蔼了，"你现在到我办公室里来吧。"

尽管打电话的地方与报社近在咫尺，安彤还是果断地拦了一辆出租车，5分钟后就出现在报社人事处办公室。经过一番了解，处长将安彤安排到了记者部。

安彤办完实习手续，走出报社，突然间，眼泪不可遏止地流了下来。但此刻她的心里却领悟到了一个人生的道理——青春需要挫折，长大需要动力。

心灵感悟：

人生的路很坎坷，成功并非我们想象得那么简单，就如安彤寻找实习工作的经历一样：看似简单，然而却并非容易。面对挫折的

勇气，便是从微笑中汲取的。我们不能只停留在失败的痛苦当中，做无所谓的挣扎，而是应该微笑面对挫折，迎接新的挑战。

当别人嘲笑你的时候

早晨8点钟，23岁的向丝把自己的应聘简历打印成册，第一次走进了阜南路市劳动中心的招聘现场。在一个人挤人拥的应聘展台前，排了一会儿的向丝终于站到第一个。面对隔着一张桌子的一个戴金框眼镜的男子，她说了句"你好，老师"，随后将自己的简历递上前去。

男子漫不经心地拿了向丝的简历，一言不发地上上下下打量了她一番，突然冒出一句："你农村来的吧？"

还没有来得及做自我介绍，就听到这样的话，向丝顿时心头一怔，往嗓子里咽了咽口水，镇定地说："您好，我是合肥××高校的大学毕业生，名叫……"

"你穿成这样子也敢来投简历？哼！"男子再一次打断了她的话，"瞧瞧你这上衣、裤子，现在大学生找工作是不是都没衣服穿了啊，怎么穿得跟土包子似的？"说罢，他朝身后的一名工作人员指了指她，两人笑了起来。

听到这么刺耳的话，排在队伍后面的几个学生不由得皱了皱眉头，一两个人干脆抽身离开。

向丝脸上不禁一红，在她眼里，比起当天参加招聘的女大学生，自己似乎并未有很大区别。于是，就淡淡地说："我没穿什么奇装异服，白色短袖衫和牛仔裤是旧了点，但为了今天的招聘，提前几天我就把衣服洗好熨平了。"

桌后的笑声仍未停止，向丝再次打量一下自己的穿着，加重了语气："请您让我……把自我介绍说完，行吗？……"

"哟，还牛上了，你这样的学生一抓一大把，多了去了。"男子脸上一副不屑的表情，周围人发出一阵嘘声。向丝脸上有些挂不住了，对着男子说了句："很好笑吗？"

令她没想到的是，此话一出，男子竟然站了起来，大声嚷嚷起来，竟然伸出胳膊试图将她推开。这一来，向丝身后原先井然有序的应聘队伍顿时乱作一团，应聘者纷纷议论起来，直到招聘现场的保安赶来，将两人带到招聘会管理处。

"我就看你不顺眼，瞧你这样，还应聘！"这时男子还是口出不逊。

此时，向丝并没有显得太慌乱，而是平静地向招聘会的工作人员解释事情的前因后果后，又转向男子质问他："我只是一个应聘的大学生，跟你没什么瓜葛，凭什么动手？"

此刻，工作人员也严肃地对男子进行了批评，并电话联系男子所在单位领导协商处理此事。知道事情越闹越大，男子这才服软了，坐在椅子上沉默下来。

下午，向丝被工作人员送回学校。临走前，她坦然地对那名接受处罚的男子表示：自己不想追究他的错误，只希望他能够将心比心地对待别人。

❤心灵感悟：

　　人需要正确面对嘲笑，被嘲笑了或者改善或者继续走自己的路，但是千万不要因为被嘲笑而烦恼。要知道阳光不会照彻每一个黑暗的角落，生活不会时时充满欢声笑语。学会正确面对，就是成长。

舞动沧桑人生

多年前，为了进行一项地质勘探考察工作，里尔和几名同事被派往中国一个偏远地区。路途十分艰难，在历经辗转之后，临近傍晚时分，他们到达了当地的一个小山村。一行人又累又饿，在路边的一栋旧屋前停下来。

一个白发苍苍的老妇人从屋里出来热情地招呼他们，另有一个年轻小伙子做帮手。简单的饭菜上来后，饿坏了的一行人狼吞虎咽地吃起来。吃饭的过程中，老妇人一直笑眯眯地看着一行人，并用一把羽毛扇帮他们扇着风。不知出于什么原因，自从进入了这间屋子，里尔就被这个微笑着的愉快的老妇人吸引着，不想这么快就上路。

突然，老妇人说起了结结巴巴的英语，虽然难懂，但发音非常纯正，使人们大吃一惊，一路行来，在城镇还好，当地个别几个人还能用几句不熟的英语与他们交谈，而在一些乡间，他们的交流则变得非常困难，当地人的方言在考察队的外国人听来就像是天书，因此老妇人流利的英语使我们倍感亲切。

原来，老妇人出生于一个有钱的商人家庭，也曾经受到良好的教育。小时候跟随父母踏上去国外的路途，在异国他乡，父母经营过一家中国餐馆。童年时，她曾经幸福快乐地生活着，并随父母去过很多地方游玩。如果按照出身、家庭和教育为她安排的轨迹，她将顺理成章地成为中产阶级生活中的一员。

有一次，父母带她参加一个当地人的聚会，那儿有很多宾客，舞池里俊男靓女伴着音乐在跳舞，他们翩翩的舞姿令她陶醉不已。她希望将来有一天自己也像那些美丽的女人一样穿着华美衣衫，翩然起舞。

然而，她长大以后，中国发生了巨大的变化，不久就爆发了内战，兵荒马乱，烽烟四起，接着就是8年抗战和解放战争。因为种种原因，她在这个与世隔绝的荒野小村一住就是几十年，艰难地维持着生机。

她平静地讲述着她的故事，没有怨恨和痛斥。

"有什么让你遗憾的吗？"里尔小心翼翼地问。

"唯一的遗憾是，"她说，"我没有跳过舞。"

在接下来的沉默中，里尔隔着桌子紧紧握住她的手，轻轻地问她："还想学吗？就在这儿！"

一抹笑容绽放在老妇人的脸上。

于是，在这间大约几英尺宽的泥土地的屋子中间，来自异国的里尔紧握着老妇人的手，面带微笑，两人开始了一支特殊的舞蹈。

经过了那么多年的坎坷和磨难，老太太的精神需求早已超越了生活的苦难与艰辛。虽然往事如昔，但她让里尔明白了什么是真正的勇气和坚强，教会里尔笑对生活中的挑战。

心灵感悟：

老妇人对梦想的追求和坚守让里尔无法不动容，那是一种对精神的坚持，对心灵情操的不懈努力。成长的过程好比在沙滩上行走，一排排歪歪曲曲的脚印，记录着我们成长的足迹，只有经受了挫折，我们的双腿才会更加有力，人生的足迹才能更加坚实。女人，经历过磨难，灵魂才会愈加饱满。

居里夫人的生活

世界著名科学家居里夫人一生中之所以能取得最伟大的科学功绩——证明放射性元素镭的存在并把它们分离出来，不仅是靠着大胆的直觉，而且也

靠着在难以想象的极端困难情况下工作的热忱和顽强。

作为一名杰出的科学家，玛丽·居里有一般科学家所没有的社会影响。尤其因为是成功女性的先驱，她的典范激励了很多人。

求学期间，玛丽的生活极其清苦。她在小阁楼上奋战了两年，除了朋友聚会，她几乎不与别人接触闲谈，她甚至不愿意花费一点时间学习烹饪。在她看来，物质生活毫不重要，她宁愿把学习烹调的时间用在读物理学书籍或是在实验室里做一个有趣的分析。

玛丽的饮食极其简单，她没钱进饭馆，又不肯花时间去做营养丰富的菜肴，所以一连几个星期，她除了喝茶以外，就是啃抹黄油的坚硬面包，最多买两个鸡蛋、一块巧克力或几个水果。这种严酷的生活严重损害了她的健康，她的身体极度虚弱，经常昏倒。

有一次，玛丽在同学面前晕倒，同学马上飞报给她的姐夫。当医生的姐夫赶到玛丽住处时，脸色苍白的玛丽却又在读书。

姐夫赶来后，检查了玛丽的身体，又察看了她干净的碟子和空空的蒸锅，全都明白了。

"今天你吃了些什么？"

"今天？……我记不清了……好像刚吃过午饭……"

"你究竟吃了什么？"姐夫紧紧追问。

"一些樱桃，还有……还有……"

后来，玛丽不得不说实话：从前天晚上起，她只吃了一把小萝卜和樱桃，睡了4个小时。姐夫责备了她之后，把她带回家。经过一个多星期调养，她才恢复了健康。

玛丽以非同凡响的毅力过着一种贫寒却高尚的生活，克服了常人难以想象的困难。在漫长的冬季，住在顶层阁楼中的玛丽因寒冷而无法入睡，她便从箱子里取出所有的衣服穿在身上或盖在被子上，有时她甚至把椅子拉过来压在被子上取暖。对知识无止境的追求，使她忘记了物质上的困窘，她似乎被一种神奇的力量驱使着，在科学的海洋里漫游，不知疲倦，永不停歇。为实现自己的抱负，她放弃一般年轻女子的快乐享受，过着与世隔绝的枯燥生活，萦绕在她头脑中的只有学习和工作。她对自己的要求始终很高，她不满足一个物理学硕士学位，她还要争取获得数学硕士学位，她不断鞭策自己在科学研究的道路上奋勇向前。

在《我的信念》一书中，玛丽写道：生活对于任何人都非易事，我们必须有坚忍不拔的精神。最要紧的，还是我们自己要有信心。我们必须相信，我们对每一件事情都有天赋的才能，并且，无论付出任何代价，都要把这件事情完成。当事情结束的时候，你要能问心无愧地说："我已经尽我所能了。"

💗心灵感悟：

　　女人，应该专注于自己一生的事业，不管前行的道路多么艰难，只要有一颗不畏挫折的心，就一定会成功。

微笑面对生活

中国第一位女首富但华香，是个20多岁的年轻女孩，在2002年"愚人节"创业，成立了脑盟企业快乐高尔夫，并一手组建了上海第一支女子。高尔夫球队、中国第一支高尔夫模特队。

回首自己的创业路，即便充满艰辛，但华香却从不抱怨，总是微笑面对。她说，是内心的力量支持自己一路走过来。人不要把打击和失败看得太重，这样才能"轻装上阵"。

初创时期，公司在一个项目上损失了几十万元，许多员工打退堂鼓。那天晚上，她一个人在公司工作到凌晨2点，重新做了一个项目方案，并打印

好放在每个员工的案头，附上一张小纸条，上面写着：我不喜欢在阴影里滞留太久。明天又是新的一天，我们一切从头开始。

无论成功和失败，但华香脸上总是挂着真诚的微笑，当然，那些面含微笑、眼睛有光彩的应聘者也是她招聘的主要对象。"发自内心的微笑，是心态和心胸。"她说，创业最大的收获是良好的心态，不生气不抱怨，能够很平和地对待挫折。周围人觉得你性格好，和你在一起感觉舒服，你的人缘就会好，做事也会事半功倍。

但华香还说："女人尤其容易情绪波动，必须学会把情绪成本控制到很低，让自己的身体少受伤害。不要把一切看得太重，年轻女孩子，要有定性和悟性，给人可靠、牢靠的感觉，事业和感情方面都是如此，谁也不喜欢和"愁眉苦脸"的女孩在一起，无论她有多漂亮。"

人无完人。每个人都会有成败得失，一切不要看得太重。成功的时候要想着失败的时候，失败的时候不要过度抱怨，要从失败的阴影中尽快脱离出来，走向成功。

心灵感悟：

> 人生旅程并不是一帆风顺的，逆境、失意会经常伴随着我们，但人性的光辉往往在不如意中才显示出来。女人，逆境中要有一颗不畏挫折，积极向上的心，你才会离成功更近。

在哪里跌倒就在哪里爬起来

也许对她来说，童年的家应该是一个动荡的车厢，而不是温暖的庇护所。她的母亲先后经历了4次婚姻，多数都是遇人不淑，在她15岁之前，还不知道谁是自己的生父，所以继父对她来说，不是经常失业的小员工，就是嗜赌如命的赌徒。由于母亲的婚姻，她先后搬了30多次家，她厌倦了这种生活，曾经从梦里不止一次哭醒过，因为，她还有一个爱美女孩致命的先天性缺陷"斗鸡眼"！

为了治好这种病，她进行了两次手术，才终于可以和正常的女孩一样生活了。16岁那年，迫于生活的压力，她去欧洲做了一名模特。3年后，她邂逅了自己的爱情，男人是一个摇滚歌手，然而，这段婚姻仅仅维持了4年就不欢而散。值得欣喜的是，她从这段婚姻里汲取了宝贵的营养，她学会了演戏，并步入了演艺圈。

不得不承认，她是一个勤奋且幸运的女人，她先是演电视剧，登上银幕不久就担任了女主角，在她的第一部电影中，她扮演了一个摇滚歌手，由于自己的前夫曾经从事过这一职业，她也耳濡目染，所以，这一角色扮演得很成功。她也在电影杀青以后，赢得了许多片约。

然而，命运并没有从此放过她，就在这时候，她开始吸毒了，这一现象被剧组发现了，导演勒令她立即戒毒，否则就要把她逐出片场。她坚信自己是个倔犟的女人，残酷的毒魔在她面前也会向她低头，事实证明，她做到了。恰好这时候，命运旋即塞给了她一枚"糖果"，她接到了新的片约，导演让她在剧中饰演一个吸毒女，由于有过切身感受，她的演出取得了很大的成功，并且凭借着出色的演技，她从稚嫩走向了成熟。

两年后，她的事业步入鼎盛时期，她的名字也已是家喻户晓，她选择在这个时机再嫁，丈夫是圈中声名显赫的好莱坞巨星。有人说，她掉进了蜜罐里。

但是，偏偏在她结婚不到5年时，她的演艺事业走上了下坡路，先后饰演的几个角色都不成功，尽管她也想方设法挽救过，甚至不惜牺牲自己的形象，扮演过许多脱衣舞娘等"沉沦"的角色，然而，每次都以失败而告终。就在这个时候，她的婚姻也亮起了红灯，由于两个人不和，不久，她和丈夫离婚。

沉浸在痛苦之中的她开始了深刻反思，她深知，随着年龄的不断增长，自己再从事一线演艺事业可能不再合适，经过深思熟虑之后，她果断地走向了后期，做起了制片人。经过艰苦卓绝的努力，她再一次赢得了命运的发牌权。1997年，由她担任制片人的喜剧片《奥斯汀·威力》取得巨大成功，而其续集《王牌大贱谍》更是青出于蓝。在生命的旅程上，她再次驶入了一片令人艳羡的风景区。

没错，她就是曾经主演过《人鬼情未了》等多部大片的影坛巨星、封面女郎——戴米·摩尔。戴米·摩尔用自己的亲身经历向世人证明，生命就是这样一道难解的方程，我们必须步步解开它的谜底。一个一看见未知数就喊"暂停"甚至退缩放弃的人，是没有资格欣赏到"幸福答案"的！

心灵感悟：

> 一次次的跌倒，一次次的爬起，绝不向命运低头，这就是戴米·摩尔。生命的过程就是一个不断奋斗的过程，每个女人都要经历跌倒，有的女人之所以成功，就是因为她懂得在哪里跌倒就在哪里爬起来的道理。

给梦想插上翅膀

16岁，她念初中。惧怕物理，总考不好。物理老师大怒，命她擎着自己的考试卷子，在班上游走。一圈一圈走下来，她的自尊被碾成碎末。从此惧了上学，收拾书包走人。

她在我跟前说这段往事时，是笑着的。她的笑容一直很灿烂。我却听得心疼。我想起三毛，同样的境遇。三毛的数学考试不及格，老师在她脸上用毛笔画了圈，让她站在教室外的走廊上示众。结果，三毛从此患了自闭症。

她不同，她的性格里更多的却是果敢。小小年纪的她，去饭店给人端盘子，这一端就是一年，积累了丰富的生意经。适逢家乡新建开发区，她在开发区租了房，自己开店。小店被她经营得红红火火，引起了当地电视台的注意。电视台特别报道了这个自强不息的小姑娘。她的人生，如果沿着这条路走下去肯定会花开繁盛。

可是，她偏偏爱好文学。她前后花费4年时间，写出了第一部长篇小说《多梦季节》。这一年，她20岁。

她把写好的小说寄给一家出版社，心里没抱太大希望。对她而言，只是完成了一次心灵的放飞。

不久，出版社打来电话，说她的稿子过了终审，准备出版。当得知她仅仅是个初中毕业的小姑娘时，惜才的编辑问她："你愿意一辈子就待在一个小地方吗，想不想走出你的家乡？"

她第一次慎重地考虑将来。将来，也许她会成为腰缠万贯的商人，嫁一个男人，安稳地过一生。可是，她的梦想不是这个，她决定为梦想孤注一掷。在出版社的推荐下，她只身一人去了鲁迅文学院学习。这时，前途对她来说是个未知数。

在鲁院，她没日没夜地读书、写作，又写出了一部长篇小说《雨后的阳光》，被出版社隆重推出。

这样安静无忧的日子很快被打破，她毕业了。摆在面前的是很现实的生存。一个初中毕业的女孩，要想在北京城捡拾她的梦想，难。再加上这时的她囊中羞涩，当初开店所赚的钱，除去上学所用，已所剩无几。去，还是留，已是无可回避的一道选择题。若回去，她可以再创生意的辉煌。但最终，她选择了留下。

几番碰撞之后，她硬是凭着一股闯劲儿，进了媒体圈，做了一名娱记。后来，她应聘到《现代教育报》，做编辑、记者，成了《现代教育报》很厉

害的一支笔，出版了教育专著《精英之门》。这期间，她获奖无数。现在，她凭借一支笔，已在北京买下两套房。

她说，我的梦想还没完呢，我要带着我的笔，走遍万水千山。她站在我跟前，张开双臂，仰天欢笑，目光放逐得很高很远。

我想，如果有一天，这个叫解淑萍又名解小邪的小女子，突然从南美洲给我发来信息，我一定不会诧异。因为在她身上，永远洋溢着一种活力——只要给梦想插上飞翔的翅膀，它总能到达它应到达的地方。这双飞翔的翅膀，一个叫坚持，一个叫努力。

心灵感悟：

　　每个人都有自己的闪光点，我们不能光看到自己身上的不足，而停止自己前行的脚步，而是善于利用自己的优势，给自己的梦想插上一双翅膀，只要坚持和努力，梦想总有实现的一天。

任何时候都要充满希望

那天，我接诊了一个叫玛莎的病人。当时，这个17岁的花季少女正处于生死的边缘。她的左侧骨盆长了一个骨瘤。我告诉她："你的情况并不乐观，如果不进行手术切除，那么，你只有死亡；如果你接受切除左腿及部分盆骨的手术，那么，你仅有5%的存活率。"

泪水在玛莎的双眸中打转，片刻寂静后，她凝视着我的眼睛，说："好吧，我接受手术。"

手术后的第九天，是玛莎拆线的日子。我来到她的病床前，当护士一层层地揭去纱布的时候，我屏住呼吸。我知道厚厚的纱布所掩盖的事实。

终于，护士揭去最后一层纱布，玛莎失去了左腿，左腹都被挖空，只留下一道又深又长的缝合切口。

玛莎挣扎着坐起身，目光落在修长右腿旁空荡荡的白色床单上。显然，她很难过。沉默片刻后，她抬起头，对我说了一声"谢谢"，同时，她的嘴角露出了一丝从容的微笑。

那是我毕生见过的最美丽的笑脸。但是我不明白，玛莎失去了左腿，并且永远不能生育，她怎么还能笑得出来。

拆线后的第二天早上，当我夹着病历册，急匆匆地赶往玛莎的病房时，竟在住院部的走廊上看到她。当时，她正拄着拐杖，小心翼翼地练习走路，她看到我，露出灿烂的笑容："嗨，你好，布伦医生。"

"你看起来很不错。"我回应道。

"是的。"她缓缓地挪向我这边，继续说，"今天早上，我让护士帮我化了妆，还整理了发型，漂亮吗？"

"很漂亮。"玛莎发出一串银铃般的笑声："布伦医生，是不是到了查房的时间？我们回病房吧。"我护送她回了病房，一路上，我一直在暗自揣测，到底是什么力量让玛莎如此乐观？最终我实在忍不住问了她。

玛莎双眸带笑地说："假如你是一个百万富翁，当你丢了1万美元时，会感觉怎样？"

我想了想说："可能有些遗憾。"

"是啊，我同样仅此而已。"

瞬间，我顿悟了。手术刀切除了玛莎的一条腿，但在她的精神世界还有更多的财富，支撑她快乐地生活，那就是对未来的希望。

♥ 心灵感悟：

在病魔面前，每个人都有害怕难过的时刻，可是在你害怕难过之后，一定要给自己生活下去的希望，每天都用潜意识告诉自己你

很棒，你不会被病魔打倒，这样的你比消极低落的你要好得多。女人，生活因有希望而精彩，所以无论何时都不要放弃希望！

开在石缝里的山百合

女友可莹本不是个爱佩饰物的女子，现在却喜在脖子上挂一个坠子。坠子是她特地定做的——一方岩石上，有花开放，花红艳，像静静燃着的一星火苗，是朵山百合。这样的坠子，配了她和煦的笑容，给人的感觉像春天般温暖。

熟识她的人，背地里都感叹，谁能想到呢，她现在这样的幸福和圆满。是的，她很幸福很圆满了，自办的超市，连锁店已开到20家。又相遇良人，那人疼惜她如疼惜自己的生命。她的好日子是锦上花，瓣瓣都开得喜盈盈。

曾经却不是这样。曾经她一度想自杀，那个时候，诸多烦恼纷至沓来：先是下岗，后是丈夫出轨，卷走家里全部积蓄。疼爱她的母亲又重病过世。她的天空，一瞬塌崩，再不见蓝天白云。她留下两封遗书，远去黄山，那个云雾缭绕的地方，一直是她向往的。

她买票上山，心里早就计划好了，在游完黄山后，她要择一处风景绝好的地方纵身跳下去，从此融入山谷，成为青山苍石。

尘世是这样的美好，而她却要与之永别了，她悲伤不已地回头，就在回头的一刹那，一抹艳红突然跳进她眼里。那是开在石缝里的一朵山百合。平素里，她也是喜花喜草的人，见过太多漂亮的花，开在花盆里的，养在瓷瓶中的，却从未曾像那一刻那样让她震惊，一朵开在石缝里的花，周围寸草不生，唯它，不知经历怎样的艰难困苦，顽强地从石缝里探出小脸来，笑微微的。只一朵，就惊艳了一方岩石。

她站在那朵山百合跟前，落了泪。

她活着回来了。回来后，她做的第一件事就是和丈夫离婚。而后，她开始找工作，做过临时工，当过保姆，给饭店洗过盘子，也到街上摆过小摊，还走街串巷地收过废品，这样一点一点积攒，她终于盘下一家因经营不善而倒闭的小商店。

日子顺风顺水起来，渐渐地，她成了远近闻名的女企业家，常应邀参加一些商会。每次，她总会被请到台上说两句，她最喜欢说的是这样一句话："只要好好活着，总有机会重新来过。"

心灵感悟：

　　故事中站在悬崖边的女人看到一株长在石缝间的百合尚且努力生存，何况是我们自己呢？只要女人对人生充满希望，开始一点一滴的改变自己的生活，最后就一定能获得成功。

第五章
保持好情绪，释放心灵

女人的一生就像大自然一样变幻莫测：有晴朗，有阴霾；有春风拂面，有寒风刺骨；有明亮天空，有夜色深沉；有万里无云，有雪雨冰霜，没有人能每天每时每刻都快乐。当女人遇到不快乐的时候，要学会调整自己的情绪，修身养心，培养好情绪，做美丽女人。

克服冲动，做一个冷静的女人

从前有位富有的夫人，她家的后院有一个美丽的苹果园。每到秋季，就会结满丰硕的果实，引得附近农庄的孩子们悄悄地翻墙进来采摘。

这位夫人发现后，气恼万分，吩咐仆人们去抓那些孩子。最小的一个孩子跑得慢，被抓住毒打了一顿。孩子的父亲怒气冲冲地找上门来，双方争论得面红耳赤，谁也不肯让谁。最后，孩子的父亲气呼呼地跑去找牧师，牧师是当地最有智慧、最公正的人。

"牧师，您来帮我们评评理吧！那个富有的女邻居仗着她家有钱，我的孩子只是偷了她几个苹果，她就打伤孩子，简直是一堆狗屎！"这个人怒气冲冲，一见到牧师就开始了抱怨和指责。当他正要大肆指责富有邻居的种种不对时，牧师轻轻地打断了他。

牧师说："抱歉，正巧我现在有事，您先回去，明天来好吗？"

孩子的父亲只好掉头回家。

第二天一大早，他又愤愤不平地来了，不过，似乎没有昨天那么生气了。

"今天，您一定要帮我评出个是非对错，那个女人简直是……"他又开始数落起女邻居的劣行。

牧师不快不慢地说："你的怒气还是没有消除，等你心平气和后我们再说好吗？正好我的事情还没有办好。"

一连三天，这个父亲都没有来找牧师了。第四天，牧师在前往布道的路上遇到了孩子的父亲，他正在农田里忙碌着，心情显然平静了许多。

牧师脱下帽子，向他问道："现在，你还需要我评理吗？"说完，微笑地看着对方。

这个人尴尬地笑了笑，说："不用了，反正也不是什么大事，邻居已经

派人向我道歉过了，还带了一些表示歉意的药物和食品，毕竟是我的孩子先做得不对。"

牧师仍然不紧不慢地说："这就对了，我不急于和你说这件事情，就是想给你时间消消气啊！记住：不要在气头上轻易说话或行动。"

记得有句话是这么说的："当周围的人善良可亲，我们也可以温顺有礼，如果周围的人邪恶异常，我们很快也会变得张牙舞爪。"愤怒是丑陋的，而且是一种具有破坏性的情绪，蛰伏在人心，蓄势待发，并伺机操纵人的生活。

纵使对他人不平的待遇感到气愤不已，仍应抑制怒气。因为我们处在受扰的心灵状态中，心志无法维持在正确的路线上。当愤怒时，人必须警觉自己的怒气，冷眼观察我们的愤怒，只有这样，我们才能更有自信地控制自己，且不至于做出愚不可及、毫无理智的事情。

今日种的因，明日则变成果，万物都是如此。明白了这个法则，我们便不容易对他人动怒，相反，还可培养慈悲为怀的心。

心灵感悟：

有句话说得好，"冲动是魔鬼"，冲动会让一个平日里给人理智感觉的女人瞬间失去所有良好的形象。冷静的女人，就像一朵亭亭摇曳的荷花，让人可远观而不可亵玩。冷静的女人会向全世界宣告，没有什么事情能够让我方寸大乱。做一个冷静的女人，不要冲动行事，不然会让自己陷入更深的绝境。

远离焦躁，回归平静

樊珍是一个经常焦虑的人。如果第二天有事，她就很难入睡，整晚会翻过来覆过去地想着那件事。

有一次樊珍需要参加一个商务谈判，一晚上都睁着眼睛，直到凌晨也无法入眠。没办法，她只好吃了一片安眠药，结果昏昏沉沉地睡死了，最后单位同事打电话把她叫醒："怎么回事，你堵在路上了吗？"

樊珍的焦虑还表现在坐飞机，每次她都会提前几个小时去机场，然后把漫长的时间泡在机场傻傻地等。原则就是宁可等飞机，也不做那种掐着点儿匆匆赶最后一分钟登机的人。

"你的心态不够好，需要适当调整和放松一下。"好朋友提醒她。

"没办法，江山易改本性难移！"樊珍苦笑着为自己辩解。

做事情从不拖三落四，虽然是一种美德，却也是焦虑的外显。樊珍好像总在担心自己如果不早点完成，事情就会失去控制。

这一年的假期去泰国旅行时，樊珍曾经前往一个叫清迈的城市，当天抵达目的地时，天色已经很晚了。樊珍把整条街都走遍了，仍然找不到一家像样的旅馆，每次走进旅馆去问房间价钱的时候，服务生总是对她说："小姐您请先坐下来喝一杯茶。"

樊珍又累又饿，只想马上找到一个房间躺倒，对于被邀请喝茶这样的事情感到很不耐烦。于是悻悻地说："我不要坐，也不喝茶，你告诉我房价就行！"

旅馆接待员对于樊珍的焦虑与急躁表示不解："为什么呢？您干吗不先坐下来喝一杯茶？您一边喝茶，我一边告诉您房价，不好吗？"

环顾四周，几位风尘仆仆的旅客正坐在不远处的沙发上休息，他们手里都举着一杯茶，一边喝茶一边和其他几个接待员谈着什么。

樊珍感到一丝歉意。她笑了笑，然后疲惫地坐在宾馆大堂的沙发上。

事过境迁，这个场景一直回荡在樊珍脑海里。后来，她无意中在网络上看到这样一篇文章。英国伦敦大学的科学家在一项研究中发现，喝茶可以协助降低人体内的压力激素，有助人们缓解紧张的情绪，松弛紧张心情。这好

比一个长时间上紧发条的表，发条太紧，人反而什么事都做不好。自己为什么会感到焦虑呢，为什么不先坐下来喝杯茶？当时那么累，不正是应该先坐下来喝杯茶吗？

回忆起清迈那座小城的节奏，在缓慢流淌的岁月中，人们不紧不慢地走着，有条不紊地做着手里的事情，"缓慢"在那里不是停滞，而是一步一步稳打稳扎地向前移动。当樊珍躺在泰南美丽的沙滩上，看着满天星空，唯一感到的遗憾的就是时间过得太快了。她终于明白只要被时间这个东西所驱赶着，她就很难获得真正放松。

心灵感悟：

> 人生就是一个漫长的奔跑过程，不要奢望一步到位，跑到终点，也不要因为暂时的落后而灰心，停滞不前。女人，从容一点，看开一点，才会发现原来让自己焦躁的事情也不是那么难以解决。与其让焦躁不安的情绪淹没自己，不如让自己平静下来，看到事情乐观的一面。

遮住双耳，用心过滤掉不该听的

在一家大百货公司受理顾客投诉的柜台前，许多顾客排着长长的队伍，争着向柜台后的一位年轻女孩儿诉说他们遭遇的购物问题及这家购物超市让他们不快的地方。在这些投诉的妇女中，有的十分愤怒且蛮不讲理，有的甚至讲出很难听的话。

柜台后的年轻女孩儿一一接待了这些愤怒不满的客人，她的态度优雅而镇静，丝毫未表现出任何憎恶。显然，年轻女孩儿脸上亲切的微笑对那些愤怒的人产生了良好的影响。当他们一开始走到她面前时，个个脸上阴云密布，但当他们离开时，却阴转晴，有些人脸上甚至露出宽慰的神情。年轻女孩儿的"自制"似乎使他们感到了很大的安慰。

年轻女孩儿背后还站着另一个年轻女郎，后者迅速在一些纸条上写下一些字，然后把纸条交给前者，这些纸条上简要地记下了顾客们投诉的内容，但省略了那些尖酸刻薄的话语。

原来，站在柜台后面，面带微笑聆听顾客抱怨的年轻女孩儿是个失聪者，她的助手通过纸条把顾客投诉的内容告诉她。

有人对这种安排十分感兴趣，于是便去访问这家百货公司的经理。真相水落石出，经理解释说，他之所以挑选一名耳聋的接待员担任公司中最艰难而又最重要的一项工作，主要是因为他一直找不到其他具有足够忍耐力的人来担任这项工作。

心灵感悟：

这位年轻女孩儿的自制力令人佩服，可以想象在顾客愤怒甚至恶骂的情形之下，虽然她耳朵在生理上存有缺陷无法听到，可是她心能体会到，但她在心理上加强了自制，依然脸带笑容，让顾客为自己的言行而惭愧。女人可以养成一种习惯，对于所不愿听到的那些无聊谈话，把两个耳朵"闭上"，以免在听到之后徒增愤怒与憎恨，受到不应有的伤害。

小事别放在心上

暑假期间，在南京上大一的绫子搭乘长途汽车回家，她坐在靠窗的位置。就在某一站，有一群穿着土气的人上了车，看起来显然是附近一家企业招聘的临时工，里面有男有女，身上散发着一股有一段时间不曾洗澡的味

道。一群人吵吵闹闹说着她不懂的语言，非常开心的样子。

其中，有一个乡下打扮的女孩挨着绫子坐下，接着招呼她的伙伴儿前来分享座位。

两人座的位置，一下子多了一个人，实在挤得不得了。当时绫子觉得这是很不礼貌的行为，因此就不情愿地往旁边挪了挪，整个人几乎要贴到车窗上了。

绫子皱着眉头，不高兴地瞪了她们一眼，嘴里虽然没说什么，但心里很不痛快。

挤挤挨挨靠了几个小时，天色渐渐暗淡下来，车上的人开始有了一些睡意。绫子也觉得脑袋里昏昏沉沉，一心盼望着快一点到家。

临近吃饭时间，两个乡下女孩还是叽叽喳喳地谈得十分起劲，一会儿吃瓜子，一会儿削苹果，果皮和垃圾扔了一地。绫子起身去厕所时，一脚踩了个正着，没好气地瞪了两人一眼，心想一路有这么两位陪伴，真是够倒霉的。

等她回来时，两个女孩竟然大大咧咧地坐在她的位置上，绫子铁青着脸，冷冷地说了一句："劳驾让一下！"一个女孩似乎注意到她的不悦，不好意思地笑一笑，拽了拽另一个女孩的衣角，示意同伴让开。

再过一会儿，只要再坚持一会儿，我就到家了。此时绫子心里越发不耐烦起来。

"临汾站快到了，请下车的乘客做好准备！"汽车售票员大声喊道。

绫子开始收拾杯子、衣物等随身物品，当她手摸向衣服口袋时，一下子慌张起来。"哎呀，我的手机，我的手机怎么不见了？"

绫子的脸涨得通红，手机可是妈妈为了奖励她考上大学新买的，花了很多钱，丢了怎么交代。

这时，坐在一旁的两个女孩赶紧站起身，一个安慰她："别急！"一个蹲下身子，一边在座位下细细地找，一面用手把那堆果皮垃圾往一边拢。终于，在椅子坐垫和车身的夹缝间看到了一个红色的物体。掏出来一看，正是绫子丢失的手机。

手机失而复得，绫子心里百感交集，当时就有一阵惭愧涌上她的心头，她不知道该怎么表达此时此刻的心情。自己勉强地让出一个位置，路上对两个女孩始终怀有敌意，不想被她们碰来碰去，而对方却一点儿也不介意。突然间，绫子才发现自己是多么小气，竟然为一丁点儿小事跟别人计较，还让自己不愉快。

心灵感悟：

生活中有太多让人抓狂的小事，遇到的时候深呼吸，问一下自己："这件事有这么严重吗？""这件事值得我生气吗？"最后我们会发现，多数的事情根本不值得一提，当然也没必要生气。女人要是把小事放在心上，不仅会让自己变得难以接近，而且也会加重自己的心理负担，伤人伤己。

世界因不抱怨而更美丽

堵车是这座城市最常见的风景，每逢堵车，无论乘车的，开车的，还是坐车的，很少有人能够不心烦气躁、怨恨道路，抱怨一切能抱怨的人和事。

但是，经历过一次特殊的堵车之后，阿敏却改变了看法。

那天，阿敏参加一个会议，深夜才回到家里，而第二天还要一早就准时起床赶到公司。只睡了几个小时的阿敏，感觉自己头晕目眩，体力不支。对着镜子，她看到自己憔悴不堪，该怎么见人呢？凭以往的经验，阿敏相信今天是没法正常度过了。

努力睁着朦胧的眼睛，阿敏一步一挪地走向公交站。公车哼哼唧唧地开动，开着开着，竟然又堵车了——前方发生了一起交通事故。10分钟过去了，20分钟过去了，车流一动不动。阿敏烦躁起来，心里暗骂司机，抱怨自己倒霉，起了个早却要迟到，让人厌恶的汽车尾气不时从窗外钻进来……阿敏内心的抱怨在澎湃，她越来越觉得今天真倒霉！

这时，身边一个嫩嫩的声音哭了起来。"妈妈，怎么办？老师说必须在8点钟前赶到，否则就不能进考场了。"一个小女孩泪痕满面，焦急地摇着妈妈的胳膊。

"别急，孩子！现在才7点钟，我们还有时间。"女孩的母亲还是不慌不忙。

"车根本不动，妈妈，你快点想办法，好不好？"女孩在椅子上已经坐不住了，探头向窗外张望。

"别急，耐心点，一会儿就好！"母亲继续安慰女孩。

"迟到的话，我会被关在门外，我不要！"女孩哭得更伤心了。

"别哭了，孩子，妈妈会想办法的！"母亲擦干女孩脸上的泪，掏出手机，查找了一会儿，拨通了一个电话，然后客客气气地解释起来。

显然，电话那头是女孩的老师，事情很快得到了解决。鉴于堵车的特殊情况，老师同意女孩晚一点到达。如果太晚，可以考虑参加补考。女孩的情绪渐渐稳定下来。

打完电话，女孩的母亲回过头来，注视着孩子，温柔地问道："孩子，记住！别让坏情绪影响自己。我相信你今天考试一定会很顺利，会有很多美好的事情等着你！堵车没有人喜欢，但是，首先你不能让自己慌乱，只要停止抱怨，改变心态，一切都会变好。来，试着看看路边流动的风景，好吗？"

女孩笑了起来，转头望着窗外的马路。阿敏也不由得向车窗外望去，这条走了几年的路，她发现自己从未认真去注意过，总是沉浸在形形色色的烦恼中。阿敏望着天空，那么蓝、那么高，她的内心突然涌出一股感动，这时马路恢复了正常，人们的心也恢复了平静。

到了单位时，竟然不早不晚，最让阿敏惊讶的是当她走下车来，她觉得全身充满了能量，她也不是一小时前的那个无精打采、疲惫不堪的自己了。

那一天，是阿敏无法忘记的一天，那是十分美好、奇妙的一天！当阿敏停止抱怨，改变心态时，她眼前的世界也随之改变了。

心灵感悟：

处在快节奏的社会，堵车的现象是无法避免的，与其抱怨，让自己产生坏情绪，倒不如趁着这堵车的时间放松一下自己，其实不光是堵车，在其他事情也应如此，保持一颗淡然平稳的心，别让坏情绪影响到自己。

与其抱怨，不如微笑面对

美国西雅图有个很特殊的鱼市，很多顾客和游客都认为到那里买鱼是一种享受。原因就在于，那里的鱼贩们虽然整日被鱼腥包围，但他们总是面带笑容，而且他们工作时可以和马戏团演员相媲美，个个身手不凡。他们就像合作无间的棒球队员，让冰冻的鱼像棒球一样，在空中飞来飞去，并且互相唱和："啊，5条带鱼飞到明尼苏达州去了。""明尼苏达州收到，请再来一批。"

这种工作气氛还影响了附近的居民，他们经常到这儿来和鱼贩用餐，感受他们的好心情。后来甚至有不少没办法提升工作士气的企业主管专程跑到这里来取经。

有一次，一位记者专程来采访他们，记者问道："你们在这种充满鱼腥味的地方做苦工，为什么心情还这么愉快？"

一个鱼贩回答："几年前，这个鱼市场也是一个没有生气的地方，大家整天抱怨。后来大家认为，与其每天抱怨沉重的工作，还不如改变工作的品质。于是我们不再抱怨生活的本身，而是把卖鱼当成一种艺术。就这样，我们变得越来越快乐，这里成了鱼市场中的奇迹。"

"实际上，并不是生活亏待了我们，而是我们期求太高，以至忽略了生活本身。"另一位鱼贩补充道。

心灵感悟：

当你微笑面对世界的时候，世界就回报你微笑；你用微笑面对误解，误解随风而逝；你用微笑面对挫折，挫折就会变成成长的财富；你用微笑面对敌人，敌人会变成挚友。世界因你的微笑而改变，生活因你的"毫无怨言"而变得更加美好。女人，快乐是一天，不快乐也是一天，还不如收起我们抱怨的情绪，快快乐乐地过好每一天吧！

坦然面对生活

一个女儿对父亲抱怨她的生活，抱怨事事都那么艰难。她不知该如何应对生活，想要自暴自弃。她已厌倦抗争和奋斗，好像一个问题刚解决，新的问题便会马上出现。

她的父亲是位厨师，父亲把她带进厨房。他先分别往三只锅里各倒入一些水，然后把三个锅分别放在旺火上烧。不久锅里的水烧开了。他往第一只锅里放了些胡萝卜，第二只锅里放进一只鸡蛋，最后一只锅里放入咖啡粉。最后将它们放入开水中煮，整个过程父亲一句话也没有说。

女儿咂咂嘴，不耐烦地等待着，纳闷父亲在做什么。20分钟后，父亲把火关掉，把胡萝卜捞出来放入一个碗内，把鸡蛋捞出来放入另一个碗内，然后又把咖啡舀到一个杯子里。做完这些后，他才转过身问女儿："亲爱的，你看见什么了？"

"胡萝卜、鸡蛋、咖啡。"她回答。

父亲让她靠近些并让她用手摸摸胡萝卜。她摸了摸，注意到它们变软了。父亲又让女儿拿起鸡蛋并打破它。将壳剥掉后，女儿看到的是一只煮熟的鸡蛋。最后，父亲让她喝了咖啡。品尝到香浓的咖啡，女儿笑了。她怯生生地问道："爸爸，这意味着什么？"

父亲解释说："这三样东西面临同样的逆境——煮沸的水，但其反应各不相同。胡萝卜入锅之前是强壮的、结实的，毫不示弱，但经开水的洗礼之后，它变软了，变弱了。鸡蛋原来是易碎的，它薄薄的外壳保护着它呈液体的内部，但是经开水一煮，它的内部却变硬了。而咖啡粉则很独特，进入沸水之后，它们倒改变了水。"然后，他问女儿："哪个是你呢？当逆境找上门来时，你该如何反应？你是胡萝卜，是鸡蛋，还是咖啡粉？"

当你哭泣自己没有鞋子穿的时候，你会发现还有人没有脚。因此，我们应该珍惜所拥有的，命运需要自己去创造，需要自己去呵护，要相信，每个人都能创造出人生中最美丽的风景！

有这样一个故事：一对年轻的夫妇，见爷爷老了，手总是抖，以至于吃饭的时候总是把碗打碎，而且他已经老到什么都不能做了，这对年轻的夫妇总是不停地抱怨，"你能不能小心点啊？""你能不能有点用，做点事啊？"在这样的抱怨中，这位老爷爷的手就抖得更厉害了，最后那对年轻的夫妇决定给他做一个木碗，让他坐到厨房里去吃那些残羹剩菜。小孩看到这些，听到这些，也找来木头雕一木碗，说："你们也会老啊，我给你们先做好。"

　　这就是父母在孩子面前抱怨的结果，就是因为这对夫妻忍不住抱怨，受不了养一个不能再做事的老人，但正是这样的老人才让他们长大，才让他们有了现在这样幸福的生活，如果现在就因为他的年迈否认他以前的一切，而不断地抱怨，最终让孩子也在这样的抱怨下成长，这样的抱怨，能够解决什么问题吗？因为你的抱怨，老人就可以变年轻吗？因为你的抱怨，你就可以放弃赡养老人的责任吗？如果不可以，为什么不忍住抱怨，善待自己的家人呢？

心灵感悟：

　　女人，要学会远离抱怨的世界，学会感受爱，这样温暖的气息才会遍布你周围的世界，从而收获一道世间最美的风景。

第六章
追求真爱情，滋润心灵

　　爱情是什么？没有人能定义它，它是那么美妙，又抽象得不可触摸。为爱而生的女人，把爱情看得比生命还重，面对爱的人，她们不求什么，只需要两个人心有灵犀。美好的爱情可以让女人更加美丽，但要想拥有美好的爱情，就要学会理解爱，付出爱，守护爱。

用心寻找幸福

贝蒂是个漂亮迷人、思想前卫的女孩，喜欢刺激，渴望过那种天天都有激情的生活。因此，那些整天只知道上班、回家、干活的男人，她根本看不上眼。一个周末的晚上，贝蒂独自一人来到了她常去的"零点酒吧"。她喜欢到酒吧，因为这里会让她觉得生活充满了激情。贝蒂要了一瓶啤酒，找了一个空位子坐了下来。正当她打算休息一会儿就去跳舞的时候，突然发现不远处有一位男士正默默地注视着她。这位男士很英俊，也很有风度。贝蒂冲他点了点头，男子马上就走过来和她搭讪。就这样，两个刚刚认识的青年很快就熟悉起来。临分手时，男子还特意要了贝蒂的电话。

在接下来的几天里，贝蒂几乎每天都沉浸在惊喜与兴奋之中。因为那位男子向她展开了猛烈的攻势。不是给她送礼物，就是打电话约她吃饭。男士似乎是个诗人，因为他总是能说出一些让贝蒂高兴的话。最后，贝蒂终于决定和他结婚。

结婚的那天，贝蒂显得非常幸福，因为她似乎已经看到了婚后甜蜜的生活。她梦想着和丈夫每天都过着充满激情和刺激的日子，还梦想着可以去世界各地旅游……总之，她给自己以后的生活绘制了一幅美好的画卷。

然而，结婚以后，贝蒂却突然发现自己被欺骗了。原来，自己的丈夫并不是什么风度翩翩的绅士，而是一个喜欢吃喝嫖赌的无赖。他每天晚上都喝得烂醉如泥，回到家后连鞋都不脱就上床睡觉。他喜欢赌博，也因此输掉了很多的钱。可是，他不但不知悔改，反而经常和贝蒂要钱，如果贝蒂不给，马上就破口大骂。最后，贝蒂实在忍受不了这种折磨，和她的丈夫离了婚。

心灵感悟：

在追求爱情的过程中，女人一定要保持清醒的头脑，不要被一见钟情冲昏头脑。在决定接受一个人的时候，一定要把过程拉长，充分地了解这个人，看看他是否真的是你想找的那个人之后再做决定。

为爱瘦一次

一、说不出口的暗恋

2010年3月，北京草长莺飞，25岁的贾玮拖着84公斤体重的身躯去上班。她打开电脑，登陆飞信，随手拿起零食一边往嘴里送，一边查看暗恋的情人李昂的头像。这时，闪出一个对话框："好久没联系了，最近好吗？"竟是李昂发来的！

贾玮眨巴了一会儿眼，觉得太不可思议了，内心狂喜。她清楚地记得，从初中毕业到现在，她暗恋他整整9年了。

第一次见到李昂是在初一开学时。李昂穿着一件皮夹克，戴着一双霹雳手套，一个人坐在教室的角落里，全身散发着自信和不羁。贾玮的目光不由得被他吸引住了，从那一刻起，李昂就在她那颗少女的芳心里生了根。

那时，贾玮是出了名的小胖妞，身高不足160cm，体重70多公斤，留着一头短发。她的裤腿内侧，总是被粗腿磨破。数学课上，她坐塌过椅子。她是别人的开心果，常常引得同学们哄堂大笑。那时的她，自卑且胆小，自然不敢对李昂表白了。

在跟好友聊天时提起李昂，贾玮黯淡的眼神里总会放出一抹光亮。好友就

打趣她："你是不是喜欢他啊？""怎么可能！我俩不适合啦，你要不要考虑一下？"被戳中心事的贾玮讪讪地辩白。朋友说："好啊，那你去帮我牵个线。"

贾玮就打着为好友传达情意的旗号，开始肆无忌惮地接近李昂。渐渐地，李昂把她当成了哥们儿，还在圣诞节送她巧克力和贺卡，让贾玮有些不好意思。这样浪漫而酸涩的清纯日子，随着中学毕业而结束了。2003年，贾玮离开北京，远赴新加坡求学，与李昂失去联系。

在新加坡求学时，贾玮曾有过一段恋情，可对方替代不了李昂在她心中的地位。这段感情，无疾而终。回国后，她拐弯抹角地打探到李昂当了心理医生，还是单身。她在心里雀跃着，却不敢靠近他。

今天，没有想到，他竟然主动联系自己了，贾玮足足愣了好几分钟。她噼里啪啦敲出回信，刚要按发送键，立刻又删除了——瞧着自己庞大的身躯，形似怀孕的大肚子，她打消了与暗恋情人见面的念头。

"那好啊，有空再联络。"李昂说完就下线了。看着他灰暗的头像，贾玮心头一阵失落。她立马把桌上的零食扔进了垃圾桶，决定为爱瘦一次。

二、吃货变身拼命三郎

美食太诱惑，吃货时刻遭受着考验。减肥行动开始后，贾玮为自己订立了严格的食谱和运动量——

早上：一杯牛奶、咖啡和1/4片吐司面包。

中午：一杯乳酸菌饮料。到健身房慢跑1个小时，大约8公里；1500次跳绳；200～300个哑铃；

下午茶：10个小番茄。

晚上：晚餐基本省略。1个半小时的瑜伽；1个小时游泳；快走8公里。

以前，单位食堂美味的午餐是贾玮上班的动力，现在却成为一种痛苦的折磨。"我中午有事，不能去吃饭了。"面对同事的邀请，她找借口推辞，把肚子里的馋虫扼杀在了摇篮里，去超市买了一杯酸奶。

到了下午3点，她的肚子饿得咕咕叫，忽然有咬饼干的清脆声从身后传来。她一脸哭相，望着享受零食的牛哥。牛哥被她盯得浑身发毛，递过饼干："想吃吗？丹麦进口的。"贾玮条件反射般伸出手，又在即将碰到饼干的0.01秒刹住。她咽下口水，然后在心中咒骂自己："你这个肥猪，还想不想见李昂了！"于是，牛哥听见贾玮弱弱地说："不用了，我中午吃得比较多。"

下班一到家，她就闻到厨房传出的饭菜香味，那是她最爱吃的宫保鸡丁和油炸鸡翅！饥肠辘辘的她口水直流，嘴里却在埋怨老妈又做了一桌好吃的。"好饿啊，就吃一口？不行！大胖子你不能吃，你要瘦下来去见李昂！"一番思想斗争后，她痛苦地闭上了眼："你们吃吧，我在减肥。"不顾父母一脸的诧异，她狼狈地冲回房间，然后翻着李昂的照片缓解饥饿。

坚持了两个月后，贾玮的体重从84公斤减到了77公斤。她衣服的尺码，从"xxl"变成了"xl"。同事们十分佩服贾玮，给她取了一个"拼命三郎"的绰号。

此时，李昂却没了消息。贾玮每天都在焦躁中等待，却又不敢主动联系李昂。

三、两颗心慢慢靠近

到了5月初，李昂的对话框再次亮起："最近还忙吗？出来一起吃饭吧。"贾玮激动不已，立刻应允。约会那天，贾玮特意穿了一套很显瘦的黑色西装。

分别7年后再次见面，李昂没有多大变化，还是那么帅气精神。贾玮满脸绯红地走上前，未等她张嘴说话，李昂淡淡一笑："这么多年了，你怎么还是老样子啊。"

贾玮傻了眼：自己已经瘦了17公斤啊，怎么会没变化呢？她不高兴地嘟囔："你眼瞎了？我明明瘦了好多嘛。"或许，李昂始终没有把她当作女生，自然对她的外形也就不关注了。

两人吃完饭后，各自回了家。贾玮很沮丧，暗自发狠要努力减肥。

7月的一天，李昂再次约贾玮见面。此时的贾玮57公斤，她在赴约前精心打扮了一番，专程做了指甲，到美容院画了精致的妆，穿了一身名牌裙装。李昂见到她时，眼神仍旧不曾在她身上停留。贾玮耷拉着脑袋跟在他身后，一脸的苦闷。

突然，贾玮见到一只可爱的萨摩耶犬，她兴奋地扑了上去："乖乖，你好可爱啊。"她忘记了自己的妆容，对萨摩耶又抱又亲。

"你也很可爱啊。"一旁的李昂露出微笑，满含柔情地望着她："我发现你跟动物在一起时和平常不太一样，这样的你更真实。"后知后觉的李昂，就是在这一刻发现了贾玮的女性之美，开始动了心。

贾玮在李昂面前渐渐放松下来，抛开了刻意的做作。"看出来我瘦了吗？"她主动引起李昂的关注。

"是比上次瘦了。"李昂上下打量了一阵，由衷地夸赞她，"其实，你的五官也挺好看的。"这句话让贾玮心花怒放，并心生希望。

那天，两人聊到深夜11点还意犹未尽，并约好明天再见，才各自回家。

四、爱情事业双丰收

俗话说，胖子都是潜力股。半年下来，贾玮整整甩掉38公斤肥肉，脱胎换骨成了46公斤的窈窕淑女：一张瓜子脸，黑而亮的大眼睛，盈盈的腰肢，性感的锁骨。瞧着镜中的自己，贾玮自信心高涨，决定向李昂表白感情。

国庆节那天，两人相约去动物园。正闲逛，对面突然跑来一个膀大腰圆的男人，眼看就要撞上贾玮，李昂快速揽过贾玮的腰。贾玮倚在他的怀里，娇羞不已，结结巴巴地问道："你……是不是……喜欢我？"

李昂一愣，随即笑道："是啊，我是挺喜欢你的，你呢？"

贾玮鼻子发酸，两眼含着泪花，抬头望着李昂："你知道吗？这句话，我等了11年了……"

李昂惊愕得瞪大了双眼，然后恍然大悟，紧紧将她抱在怀中："对不起，让你等太久了……"

两人相恋的事传开后，贾玮获得祝福的同时也听到不少担忧的议论："靠外貌换来的爱情经得住考验吗？"贾玮信心十足，她吸引李昂的不是她的容貌，而是自信和大胆。

相恋100天，李昂制作了一个100页的求婚ppt，里面每张图片都是他精心挑选的，旁边还配了一些文字："当年我把你当成一个哥们儿对待，但是从现在开始，我会把你当成我生命中挚爱的女人，一直陪你到老……"

看着一句句真诚的告白，贾玮泪流满面，幸福地答应了李昂的求婚。

2012年10月3日，两人牵着手，走进了婚姻的殿堂。

出版社向贾玮发出邀请，让她把自己的经历写成书。2013年，贾玮所著《为爱瘦一次》在市场上热销，她成了求爱励志姐，是众多减肥人士追捧的偶像。现在的她，拍杂志封照、做节目主持、写专栏文章、当形象大使，忙得几乎顾不上家了。

李昂对此很有意见，贾玮就打趣他："谁叫你让我追得那么辛苦，11年啊。现在追到手了，我不该得瑟得瑟吗？"

李昂笑了："瞧瞧，这就是反败为胜，丑小鸭也有春天啊！"

心灵感悟：

　　一个女孩从臃肿到窈窕，告诉了我们一个道理，那就是爱情的力量也是会创造奇迹的。为爱改变自己，提升自己是对的，能够找

到一个人并且为了这个人把自己变得更美丽更自信是成功的。但是在爱情的世界里，女孩也不能为了自己心爱的人盲目地改变自己，比如做一些违背原则的事情，这样会丢失自己，不会得到真爱。

真正的爱

一、以诗为媒，茜草印心

1922年6月11日，一个叫春兰的漂亮女孩出生在武汉三镇汉阳一户姓张的人家。因为是家里的掌上珠，学名就叫张掌珠。虽然家里生活异常艰辛，但母亲仍含辛茹苦地让女儿上到女子师范上学。她喜欢阅读巴金写的书籍，爱好戏曲。1938年，她和好友丁汀和林琳，偷偷离家加入到新四军队伍——战地服务团，并改名张茜。

分到服务团的戏剧组后，张茜来到新四军总部云岭。她们一面为部队演出，一面为老百姓宣传新四军的抗日主张，女兵们在不断的磨炼中成长起来，张茜成为演剧的重要演员。她和战友们还经常组织小分队到各支队演出，同时，他们又请抗日前线的将士们作报告，而最受欢迎的人是一支队司令员陈毅，因为他的报告既诙谐又具有鼓动力。

"鬼子就害怕新四军，鬼子都敬重陈司令。"陈毅很快就成了年轻团员心中的偶像。

一次，在服务团与部队联欢会上，大家都拼命起哄让陈司令出节目。陈毅挠挠头说："那好，我就唱首歌吧！"出乎大家意料的是，陈毅竟然是用法文唱马赛曲，唱得激情昂扬，气势非凡，顿时全场欢呼。很多团员听着这熟悉的旋律都目瞪口呆了。有个团员惊讶地说："啊！老红军还会唱马赛曲啊！还是用法语唱。"

服务团团长朱克靖听见了，转过头说："你们不要小看人啰，陈司令1919年就去法国勤工俭学，是正经吃过洋面包的。他是大学毕业噢，比你们这些高中生高多了。人家大学生干革命坚决得很！"

张茜听在耳里，记在心里，年轻的她也成了陈司令的崇拜者。她庆幸自己选择新四军的道路选对了。有这样的部队，有这样的英雄和领袖，革命能不成功？抗战何愁不胜！

不久后，一次在军部大礼堂服务团出演抗战宣传剧《一年间》，张茜扮演剧中的新娘子，她一身红装，在台上左顾右盼满台生辉，甜润的声音绕梁回荡。这时在台下有个人看得如痴如醉，他就是一支队司令员陈毅。

陈毅时年38岁，是江南最负盛名的抗战名将。看完张茜的演出，一下子就倾心于这个漂亮女孩。他找到服务团团长朱克靖，问张茜有没有男朋友。朱克靖立刻明白了，他先找林琳问："你的那个朋友张茜有没有男朋友啊？好像小林跟她很近乎。"林琳扑哧笑了："朱团长，告诉你吧，张茜还没有男朋友，小林和我们都是武汉老乡，总是走得多些，说得多些。你又想搞什么拉郎配啊？"

朱克靖笑了，"林琳，你最大的优点就是直爽、爽快，你去把张茜叫来。"

就这样，朱克靖把陈毅的意思告诉了张茜。可年轻的张茜并没有把朱团长的话当真，因为她感到这根本不可能，一个是红军高级领导，一个是刚参军的小干部，她仍然那样无忧无虑。可没几天张茜就接到了陈毅的信，一下子就把张茜平静的生活搅乱了。张茜还不满17岁，她不想过早结婚，她还要努力创造自己的事业。而且，她更愿意找个同行作为伴侣，可是面对来信的陈毅，差距那么大的陈毅，张茜不知道怎么办了。在部队，这种事是保不住密的，没几天服务团里都知道了，各种议论都也来了。陈毅的信来得多了，团里的议论也越来越多。

张茜受不了了，拿着信跑到了团部，找到了副团长谢云晖。她气恼地说："这些信请组织看了以后，退给陈司令，我现在不想谈这个问题。"谢云辉和颜悦色地说："张茜同志，选择对象确实是你自己的事，任何人都不能勉强。"好友则在催促她，"你怎么这样固执，这么好的人你还在等什么？"

这一切让张茜惶恐、犹豫。

这时，好友王于畎告诉她："张茜你用不着惶惑，真的不必惶惑。自己的事，用不着看别人的脸色，自己下决心，选择就是了。"

"你呢！如果你遇到这类事，怎么想呢？"

"我要的是'生死之交'"。

"生死之交"深深震撼着张茜的心，她也敞开了心扉："我向往那种完美的纯净的爱。"

不久，陈毅到军部来，在一个小屋里与张茜第一次约会了，他们整整谈了8个小时，陈毅把自己的经历和两次婚姻和盘托出。这种光明磊落的品格和无私无畏的气质，深深打动了张茜。这天夜里，陈毅第一次送张茜回服务团。初春的夜寒意仍浓，银色的月光皎洁如玉，他们漫步在田埂上却感受的是无比温馨。

不几天，陈毅从江南水西村寄来一篇记叙这美妙夜晚的散文《月夜》。张茜同样用诗一般的语句回了一封信。后来，陈毅很浪漫地为自己取了笔名"绛夫"，绛者夫也，绛夫就是张茜的丈夫。陈毅还有一个笔名"鲍东"，用以与"张西"（注：张茜的名字常被念为"张西"）相应。

"春光照眼意如痴，愧我江南统锐师。豪情廿载今何在？输与红芳不自知。"张茜感到无限幸福，她庆幸经过交织着血与火的考验，终于在皖南温馨的春夜里，找到了知己，她决心与陈毅结为生死之交。

1940年2月，陈毅与张茜在新四军江南指挥部驻地江苏省溧阳县的水西村结婚。没有仪式，只有两个大红喜字，还专门做了顿肉丁炸酱面。陈毅送给张茜的礼物是一首诗，"一笑艰难成往事，共盟奋勉记佳期"，成为历史的记录，其后他们携手共度的艰难困苦也一再见证了这一点。

二、以书为缘，穿鞋订盟

她是新四军的才女，新中国杰出的教育厅长，开国上将叶飞的夫人。王于畊踏着红色的理想而来，迎着灿烂的朝霞而舞，最终化为美丽的英雄花，骄傲地装点着她无限钟情的红色大地。

以书为缘，首长为媒，王于畊与战将叶飞相识、相知，结为"生死之交"。

1940年，26岁的叶飞是新四军高级将领中最年轻的一位。当时，叶飞在战场上威风八面，战场下面却发生了变化，要么发脾气，要么闷头一言不发。陈毅笑言其性情大变，脾气暴躁，是应该成家了。而此时，叶飞已对才女王于畊有所耳闻，加上张茜也向陈毅推荐了王于畊，陈毅便让政治部副主任钟期光将王于畊调到一纵工作。"我主张抗日持久战，恋爱速决战。"陈毅临走时，叮嘱叶飞道。

得知要调动后，王于畊失眠了。叶飞是大名鼎鼎的战将，"我又不认识他，为什么要嫁给他？"第二天，王于畊收到了钟期光的来信，三分之二的内容都在介绍叶飞。"请你相信组织，放下思想包袱，迈出人生的一大步，放心大胆地奔赴新的岗位。"尤其最后一句"反正是共产党员干革命，不要怕。"王于畊一直犹豫的心像被击了一掌，她那好强的自尊心被激发起来。这时张茜也跑来找她，劝完王于畊，掏出封陈毅的信，"走上新的征途吧，你要快马加鞭。"王于畊体会到领导和组织的苦心和信任，得到了战友的支持，最重要的是自己做了一个永不后悔的决定。

之后，叶飞在办公室等到前来报到的王于畊，而从此开始了他们以借书

换书为缘的感情。王于畊没有想到，叶飞不但是个战将，还对文学有着十分精辟的见解。她开始钦佩他渊博的学识，以及过人的分析问题、解决问题的能力。

不久后，王于畊收到叶飞的签名照片。"送给王于畊"，没有一个多余的字，王于畊却感受到叶飞炽热的情感。她知道生死相托的人来了，她也要担负起生死相托的重任了。

1940年11月29日，叶飞和王于畊举行了婚礼。王于畊特地穿上从好友那里借来的新布鞋，表示恪守中国的老传统。

当他俩对坐在新房桌子旁时，她紧张得不行，颤抖地说："我削个苹果给你吃吧。"说着拿起刀就削，可刀子一下就把手指划破了。叶飞立刻掏出一条洗得很干净的手绢，非常体贴地把王于畊的手指包扎起来。叶飞理解妻子的紧张，从一个保管很好的铁盒里挖出一勺咖啡粉，"你知道我是生在菲律宾的，从小就喝咖啡，你也尝尝家乡的东西吧。"那晚，他俩就对面坐着聊天，聊自己的过去、家庭，一直聊到天放亮了。王于畊非常感谢丈夫对自己的尊重，她一直记住这奇特却又真挚的一夜。

叶飞与王于畊的婚事颇有些传奇色彩，所以也留下不少花絮。"抗日持久战，恋爱速决战"慢慢成为领导干部的共鸣。

三、以戒订情，肝胆相照

她是一位默默无闻的女性——开国上将钟期光的夫人，凌奔。

参加革命前，她叫黄明英，18岁时入伍，仅两个月就加入了中国共产党。皖南事变后的一天，正要出门演出的黄明英遇到了日军偷袭。途中，她看到一个负伤的战友在呼唤，立即侧伏下身子去拉，忽然感到后背灼痛无比，中弹昏了过去。当偷袭的鬼子经过时，还踢了她两脚，她忍痛装死，躲过一劫。1941年夏，黄明英伤愈归队，为了纪念大难不死，她改名凌奔，寓意为希望革命奔向胜利。而此前心仪对象的牺牲让她变得对生活有些麻木。

这时，一位老红军硬闯进了凌奔的生活。说是老红军，其实也才33岁。他就是一师政治部主任钟期光。时年33岁的他，婚姻并不顺利，曾结过几次婚，又几次因各种客观原因家庭破碎，一个孩子也没有留下来。而凌奔经过鬼门关前侥幸生还，从内到外经受了一次彻底的洗礼，便对革命又有了更深刻的理解，性格中更多了几分沉稳和豪迈。所以组织上希望她嫁给一位"老革命"，她欣然服从组织的安排。

钟期光也主动约谈凌奔，介绍了自己的经历和婚姻的情况，并表达了对凌奔的爱慕之情。这令凌奔深受感动，这是一位和蔼可亲的首长，又是一位可信赖的老大哥，既然组织上出面介绍，自己完全可以接受这一婚姻。

然而，这中间还有一段插曲。钟期光曾与红军女战士胡平然结婚。由于战争时代的残酷和党内存在的种种极左思潮，两人的婚姻只维持了一年就不得不分开。钟期光后与一位女工喜结良缘，婚后三天，女工在敌人偷袭时壮烈牺牲。新四军创建后，胡平然又与钟期光重遇并复婚。但在皖南事变中，胡平然再次被俘，关押后获释，但有人怀疑她有自首情节。考虑到钟期光是军中高层领导，胡平然决定忍痛割爱，主动提出了离婚。

凌奔举棋不定的是，自己与钟期光结合，会不会伤害到好战友胡平然的感情？一向直来直去的她，这次出人意料地跑去找胡平然谈心，把自己心中的疑问全部袒露。胡平然也坦诚相见，讲了自己为何要坚持与钟期光分开。

胡平然郑重地把钟期光托付给凌奔，希望两人结合后美满幸福，恩爱百年。凌奔深受感动，也向胡平然敞开了心扉。生性豪爽的两个女兵通过这次非同寻常的倾心交谈，成为一生肝胆相照的挚友。

钟期光将与凌奔结婚的消息传开后，大家很为他们高兴，但也传出一点杂音。有人劝凌奔不要嫁给钟期光，说什么"你怎能找这样一个年纪大的"，凌奔一笑了之。而钟期光那边也有人讲："你为啥要找个'药罐

子'？你要背个包袱的。"这话传到了凌奔耳朵里，反而更坚定了她嫁给钟期光的决心："哪个说的？身体不好就不能结婚，幸福地过一辈子了？"

1942年春，经组织批准，凌奔与钟期光结婚。没有摆酒席，没有仪式，两人把背包搬到一处，就算结婚了。新婚之夜，凌奔没有想到，煤油灯下，钟期光充满爱意地为她戴上了一枚精心准备好的戒指，戒面上一小片象牙瓷片上烧制了两个人的名字。

窗外，静谧的农家小院里洒满月光，这是温馨的新婚之夜，对凌奔来讲却是浪漫恋爱的开始。

心灵感悟：

在她们身上，我们可以看到娇弱的生命像芦苇一样，在原野上萌芽、成长，由稚嫩到刚强。在战火硝烟中，她们九死一生，百折不挠，宛若野火烧不尽春风吹又生的芦苇。她们与开国上将之间的情感经历，让我们看到革命战士之间浪漫纯真的爱情。女人，找一个爱自己的人，要学会与他们同甘共苦，并肩奋斗，这样的感情才能持久。

学会相信

她才25岁，却早已心如止水波澜不惊，此前那几场轰轰烈烈的恋爱，每一场她都十二分地投入，但最后的结局别无二致，口口声声说要爱她一辈子要娶她做新娘的男人不是移情别恋，就是做了别人的新郎。

折腾了这么多年，她终于明白，所有的诺言在出口的那一瞬间绝对是真实的，但是诺言是有生命的，终会在时间的侵蚀下渐渐地风化死亡。

这个世界连被人称为永恒的爱情都不足以相信了，那还有什么值得信赖？

下班之后，脱下一身职业套装，她上网，和一个比她小4岁未曾谋面的写手聊天。她说真话，因为当所有的人都在网上说假话的时候，即便说真话，也不会有人相信的。

她喜欢看他的文章，常常沉湎在这个小网友编造的纯真的爱情故事里。许多时候，站在生活外，看文字里的故事，隐隐看得到自己的影子。

他不仅心细，还会体贴人。他用一些小小的笑话陪她度过一个又一个无聊的夜晚，常用一些永远一辈子爱你之类的话来哄她。她只是淡淡地一笑置之，心里暗想：傻孩子，这个世界哪来的永远！

国庆节学校放假，他不远千里从学校赶过来看她。一身笔挺的军装，样子长得挺可爱。他们手牵手地去爬白泥山，一起蹲在路边吃五毛钱一串的羊肉串，一起买菜做饭，日子过得快乐而简单。

他不止一次想要说永远爱她的诺言，却被聪明的她用手或一个热吻堵住了他的嘴。假期结束，她去送他，他临上车，回身塞给她一张纸条，上面写着：等我，三年之后授衔完毕我就回来娶你，永远地爱你疼你。

她回到家里，把他的QQ拖进了黑名单里，从此成为陌路。她沉得这样，至少在她的心里，可以让这份诺言的生命力长久一些，而不是N年后的某一天，他突然告诉她他有了新的女朋友，或是结婚了，让她的心再次疼痛。

女人的青春是经不起等待的，她找了一个合适的男人嫁了，后来又因为一些原因离婚，远走北方。

转眼四五年的光阴已如流水般划过，她孑然一身地漂着。一日，在书店里无意中看到了一本书，书名就是她的名字，作者正是那个男孩。几年不见，他已经成长为一名军旅作家，扉页上是他的照片，看得出他已经是个成熟的男人了。

不知道他还记不记得几年前留给她的那张字条，那些不负责任的诺言。

她把书买了回去，缩在小屋里一口气读完。那些深情款款的文字让她泪流满面，书本的最后一句话更让她触目惊心。原来，男孩子写着：我将用我一生的时间，来寻找我的爱情；也将用我一生的时间，来实现21岁的诺言。找不到她，我将永不再娶。

她思考了许久，最终按照书后作者的电子邮件，给他发了一封简短的信，告诉他她现在在哪儿！邮件发出之后她便开始后悔，他或许成家了，有一个温柔的妻子，或许还有可爱的儿女了，自己现在去打扰他，或许是一种罪过。

11个小时后，有人敲门，拉开门一看，他在门外瑟瑟发抖，身上仅有一件单薄的衬衣。原来，他在南方，接到了她的电子邮件，便急匆匆地赶往机场，而这个时候，北方已经开始飘雪了。

为了一句年轻时的诺言，他整整寻觅了8年。第二天，她便做了他的新娘，她站在雪花里浅浅地笑着，幸福溢在脸上。

心灵感悟：

聪明的女人，在恋爱失败后，不会变得萎靡不振，消极抱怨，从此再也不相信爱情。聪明的女人，会懂得一次恋爱的结束实际上是一个选择的机会。失败让我们明白什么样的人更加适合我们，从而再面对爱情的时候会更加的从容。

懂得原谅

1924年的深秋，阿伦特来到马堡这座小城，带着对知识的渴望，也带着对海德格尔神秘的哲学思想的憧憬，来到马堡大学，选修了他的课，很快她就完全被这位"思想王国里的神秘国王"的魅力俘获了。从此在海德格尔副教授眼里也出现了一位短头发、大眼睛的犹太美少女。那年，她18岁，他35岁。

1925年2月初，天空下着蒙蒙细雨，在海德格尔的邀请下，阿伦特来到导师的办公室。海德格尔细心地帮她脱下雨衣，看到了一个少女的腼腆和羞涩。海德格尔以他的健谈，打破了两人之间的尴尬，情景是：他兴致高昂地讲着他的哲学、宗教、家庭、社会、兴趣、爱好……而她只是用几乎听不到的微弱声音说着简单的"是"与"不是"。她深深地感受到了他的那种不可抗拒的巫师般的魔力，年轻的阿伦特需要爱，需要呵护和引导。

汉娜·阿伦特出生在德国科尼希贝格一个富裕的犹太家庭，7岁那年，阿伦特的父亲死于梅毒，她崇敬母亲，但母亲频繁外出，不是去疗养就是去看朋友，每次母亲走后，小阿伦特就会陷入无尽的等待、无穷的寂寞和无限的恐惧，生怕妈妈也一去不回。13岁时，母亲再婚，这对阿伦特来说是一次不小的打击，此后与她分享母亲的爱的不仅有一个陌生男人还有那男人带来的两个姐姐。汉娜讨厌她们，但妈妈很喜欢她们。童年时的阿伦特感到若有所失、孤独无助、无人护佑，这个世界让她不知所措。她把海德格尔当作爱人、朋友、导师和保护神，向他诉说她童年和少年时代的恐惧，诉说她的惶惶不安和脆弱。而海德格尔在与汉娜相遇后，他那套已经建立起的自我存在秩序破碎了，他从一个连他自己都不知道的"所在"被带了出来，继而破坏了他曾战战兢兢、不敢越雷池一步的受尊敬的社会与学术圈子的基本规矩。

几天后，他以"亲爱的阿伦特小姐"抬头，写下了一篇激情的信，正当她受宠若惊时，第二封以"亲爱的汉娜"抬头的信随后赶到，这一次她放弃了羞涩，勇敢地做出了心灵的回应。很快，位于大学附近一座阁楼上的阿伦特寝室里，两人开始甜蜜的热恋。

但对于一个有家庭且更在乎个人名誉的海德格尔来说，和阿伦特在一起

的浪漫和激情只能在黑暗中生存，根本无法像一般情侣那样让恋爱在美丽的校园绽放。社会的道德、世俗的名誉与家庭的责任，都让他在这段甜蜜的爱恋中小心翼翼，他知道如何把握尺度，也知道什么时候适可而止。

海德格尔规定：他们之间的情书都要用密码来写；约会必须秘密接头，她不能迟到半秒钟；相约信号也极为严格，窗子敞开表示有机会，开着门暗示有危险；开几下灯表示无人，关几下灯表示有人……他和她在小木屋里频繁地交往着，他要求她隐忍，她默默地接受；他在说，她在听；他要她来，她来；他要她走，她走。她就顺从这些苛刻的安排，甚至在最狂热的爱中，她也不向他提出任何要求。这期间，他灵感喷发，写出了让他闻名世界的著作——《存在与时间》。

天下没有不散的筵席，也没有不散的情人。三年后的1928年6月，海德格尔的《存在与时间》出版，马堡大学聘请他为正教授。他曾把《存在与时间》的写作归功于阿伦特的激情，而这本书带来的成功也终结了他与阿伦特的恋情。事业、名誉永远是第一位的，他不会为了爱情而耽误他的写作生涯和世俗成功。

他以一封信打发了她。

阿伦特没有怨言地离开了，即使再痛苦再失望，生活还得继续走下去。汉娜离开马堡，来到海德堡，师从雅斯贝尔斯攻读博士学位，但在她心里根本无法摆脱海德格尔。在求学期间，只要海德格尔想见，汉娜·阿伦特就会放下手中的工作，不顾一切地去和他约会。

20世纪20年代的海德堡是一个政治气息淡薄而学术氛围浓厚的城市。如果说阿伦特在马堡遇上了她所崇拜的天才海德格尔，那么她在海德堡则找到了真正的精神导师雅斯贝尔斯。在雅斯贝尔斯这里阿伦特学到了在此之前所不知道的一种人生态度，即彻底的理性和坦诚。以前，阿伦特不愿与人交往，总是刻意疏远人，现在改变已往的思维方式，用一颗坦诚、真心去与人交往，所以，她总是游刃有余地和任何人打交道。

1928年，她完成了博士论文的写作，在这篇名为《奥古斯丁爱的概念——一种哲学的阐释的尝试》博士论文中，汉娜倾注了很多个人情感，在论文中似乎她总是寻找她与海德格尔感情中所缺乏的部分。此时，阿伦特22岁。

纳粹上台后，1933年4月21日，海德格尔当选弗赖堡大学的校长，很快加入了纳粹党，迫害犹太人，过着无比风光的生活。而此时的阿伦特在困苦中流亡着，因为对于犹太人而言，当时的生活意味着无尽的磨难和恐惧，生存处境空前恶化。排犹反犹思潮的泛滥，流亡、飘泊的生活，激发了阿伦特对政治的兴趣。

1936年，流亡巴黎的阿伦特结识了海因里希·布鲁希尔，共同落难在集中营中，在这里，他们结了婚。直到此时，阿伦特才真正从心理上走出海德格尔的阴影——在感情也在政治上，这足足用了十年的时间。她将海德格尔的爱当作珍贵的礼物深藏心中，而跟布鲁希尔共享尘世的爱情。

在第二次世界大战结束后，海德格尔因为参加纳粹被监控，被软禁，被打击，无人理睬无人承认，几乎发疯。而此时阿伦特的《极权主义的起源》出版，名动欧洲，纳粹主义、集中营、极权，经历多了，思想的光芒就无限耀眼，这个活在海德格尔阴影下的小女孩终于独立了，但阿伦特仍然谨小慎微，她怕自己名声超过老师，怕海德格尔生气，为了使海德格尔觉得她永远是他的学生，还是像当年那样崇拜他、依赖他，她假装什么都不做会，什么都只懂一点，除非说到他作品的翻译……"我是真的愿意这样做的，真的，我愿意。"

1950年1月，名扬四海的阿伦特以美国人的身份来德国访问，她首次回到令她伤心的马堡，他们在旅馆中相见了。虽然此时的海德格尔落魄、无助，但她还是激动不已，不管曾经有过多少怨恨，当服务员说出他的名字

时，她突然觉得时间骤然停止了。

时间真的在这一刻停止了——岁月与苦难，战争与政治，这些在阿伦特看来都没有她曾经的恋情、曾经的爱重要，当他像一个做错事的孩子向她诉说自己内心的委屈、苦恼，她终于得到了她需要的东西：海德格尔对她的需要。

四年的秘密相守，十八年的分道扬镳。从这一天起，阿伦特静静地选择了原谅，再次为了他没有什么不愿意做。次日阿伦特给海德格尔写下了这样的便笺：这个晚上和这个早上，将得到我整个生命的确认。我很高兴有机会把我们早年的相遇视作一种永恒的东西。

从此，她四处奔走，拍卖他《存在与时间》的手稿，甚至亲自到大学讲解他的哲学思想。阿伦特是对责任、罪恶之类有深刻见解的思想家，但在揭发极权体制、拯救犹太遗产的同时，她始终护卫着海德格尔，不是一般地基于人情的宽宥，也不是相信天才在政治上有豁免权，而是无视事实地为他辩护，像母亲对儿子的呵护。

所有人都不理解高度理性、独立坚强的阿伦特这样无条件服从海德格尔，这究竟意味着什么？其实她曾努力让自己对海德格尔进行清算，但她的思想理念刚触碰到海德格尔这个具体人的时候，就再也没有力量了，她的爱超越了对他的恨，她的强烈感情消融了这块巨大的冰砖，她有心胸来包容他的巨大过失，她有力量来原谅他的极度自私，条件只有一个：她爱他。

心灵感悟：

相爱容易相处难。在爱情的世界，女人如果想要获得幸福和快乐，就要学会宽容和原谅。默默地为自己爱的人付出，其实也是一种幸福。每个人都难免犯错，如果我们能够用宽广的胸怀去原谅那个我们爱的人，那么爱你的人也会明白你的爱，从而更加爱你。女人，请记住：爱的哲学是原谅。

爱是相守，不抛弃

一、真爱是绝不抛弃

2004年，尚宗强偶然认识了同在厦门打工的赵望梅。经过一段时间的相处，两人相爱了。尚宗强自小酷爱跑步，当时在一所学校当宿舍管理员的他每天坚持去操场练习。每一次练习长跑，赵望梅都会陪伴在他身边，为他加油鼓劲儿。

两人一起跑步时，尚宗强总让女友跑在前面，自己故意跑慢些，跟在后面。机灵的赵望梅质问尚宗强为什么不好好跑，他总是笑笑，说："我要一辈子让着你，追随你。"只是一句简单的表白，却让赵望梅鼻子一酸。她伸出手为尚宗强擦汗，那一刻，尚宗强觉得幸福到了极点。

然而，上天似乎并不愿意让这对情侣的爱情旅途一帆风顺。2006年，就在他们准备结婚的前一个月，不幸发生了。

一天，两人下夜班后一起骑车回家，路上与一辆小车相撞，双双受伤。在医院，尚宗强醒来的第一句话就是："望梅怎么样了？"医生无奈地告诉他，他的未婚妻可能成为植物人。

闻言，尚宗强跌跌撞撞冲到赵望梅的病房，跪在床边，抓着昏迷中的未婚妻的手，噙着眼泪说："我是不会放弃你的。"自那天起，尚宗强每天趴在赵望梅的病床边，在她耳边诉说着恋爱的点点滴滴。

"你记得吗？你陪我跑步，你总是跑不动，我就拉着你的手一起跑……""上回我去参加马拉松比赛，你在人群中只顾着为我加油，差点儿就摔倒了，你看你多傻呀。"尚宗强一边帮未婚妻用毛巾擦手擦脸，一边跟昏迷中的她聊天。

第76天，奇迹发生了！"宗强……"赵望梅醒了，她含糊不清地呼唤着尚宗强。"我就知道你会醒来的，我就知道……"尚宗强紧紧抱着赵望梅，流下激动的泪水。

虽然醒了过来，但车祸造成的残疾和后遗症，让赵望梅在多方面难以自理，思维也出了问题。从未婚妻的饮食起居到康复性按摩，包括上厕所、换衣服、喂饭等，尚宗强无不关怀备至。

终于，尚宗强的坚持，迎来了又一个奇迹。赵望梅的身体逐渐恢复了，体重从不足34公斤升到49公斤，语言表达也基本正常，发病次数明显减少，四肢的功能也明显改善。看着爱人一天天好起来，尚宗强感到由衷的喜悦。

车祸以后，赵望梅的左手手指不能伸直，右上肢只能弯曲10度左右，左腿走路也会跛。尽管如此，尚宗强还是跟从前一样，常常带上赵望梅去运动场跑步。虽然赵望梅已经不能像从前那样又跑又跳了，但一激动起来，还是努力沿着跑道一瘸一拐地快步走，嘴里还大声呼喊"宗强，加油！"

渐渐的，在厦门大学，许多人都知道了运动场上有这样两个特别的身影、有这样一对恩爱的情侣。

二、42天寻遍8个城市

2008年12月12日下午，尚宗强又像往常一样，和赵望梅一起到厦大运动场跑步。跑完步后，尚宗强在准备回家的路上去了趟厕所，让赵望梅先慢慢走到大门口等他。

然而，15分钟后，当尚宗强赶到门口时，已不见了未婚妻的身影。他慌了，将校内外找了个遍，直到天黑也没见到未婚妻的影子，只好求助于学校的监控录像。他看到录像中赵望梅上了一辆公交车。随后，在公交车司机的指点下，他又到火车站找了个遍，还是没找到。此时，尚宗强的恐惧和担心达到了顶点，他想：一定要抓紧时间，时间越长，未婚妻越危险。

当天晚上，尚宗强向朋友借了一辆单车，骑着车几乎将城市绕了一圈。直到次日凌晨4点，仍一无所获，疲惫到极点的他在一处露天草坪上躺着睡着了。

第二天一大清早，尚宗强顾不上吃早饭，又匆匆骑着单车沿街寻找，当天中午11点20分，尚宗强突然接到一个陌生电话，话筒里传来赵望梅急促的声音："宗强，我在火车站，快来救我！"尚宗强刚想问具体地址时，电话便断了。他连忙回拨过去，不是被挂断，就是打不通。

随后，尚宗强查询到这个神秘电话的归属地是江西鹰潭。他心中有种不祥的预感："糟糕，赵望梅恐怕被拐骗了。"事不宜迟，当天下午他在向厦门警方报案后，立即坐上了开往鹰潭的火车。此后的整整一周，他辗转几个地方不停地寻找，晚上不是露宿草坪，就是在列车上打盹。但令人失望的是，他没有找到一点儿赵望梅的线索。18日，他只好回到厦门。

他把目标继续锁定在火车站，每天都举着自制的寻人启事去火车站广场。"先生，请问你见过我的妻子吗？她是个残疾人，瘸腿，手还不能弯曲……"尚宗强一遍遍向来往的旅客问询着，生怕漏过一次找到未婚妻的机会，可他得到的都是怜悯的目光和爱莫能助的摇头。

就这样过了一个月，赵望梅没有一点儿音讯，有人劝尚宗强放弃寻找。"赵望梅可能被拐卖了。我要履行对她的承诺，不找到她，就永不放弃。"尚宗强坚定地说。

终于，2009年1月中旬，赵望梅给自己家里打回了一个电话，说她在鹰潭何家村。得知这个消息后，一度绝望的尚宗强又重新燃起了希望。只是，鹰潭有好多地方都叫何家村，他根本不知道上哪里去找。

由于对方早把尚宗强的电话号码设置成黑名单，尚宗强没法打通那个电话，于是，他让小姨子不断拨打那个号码，并且告诉小姨子，一旦打通，一定要向对方说他的坏话。几天后，小姨子终于拨通了对方的手机，并告诉对

方："尚宗强非常坏，不仅把我姐摔成残疾，还把她卖掉。如果你对我姐姐好，我也准备嫁到那边去，也可以好好照顾我姐……"

几番电话来往，对方告之所在地是鹰潭的贵溪市泗沥镇何家村何某家。

1月22日凌晨，尚宗强坐上了前往鹰潭的列车。经过在何家村一番暗访后，尚宗强和警方一起找到何某家，这对相爱的人分开42天之后终于相见。此时的尚宗强紧紧抱住心爱的未婚妻，悬起的心终于放下了。

经过警方了解，原来，何某花了两万多元买到赵望梅，而此前赵望梅已被转卖多次。

三、一辈子为你挡风遮雨

2009年1月23日夜晚，尚宗强牵着赵望梅的手，坐上了回家的列车。

半年后，尚宗强和赵望梅终于幸福地步入婚姻殿堂，所有关心这对新人的人们，一起见证了这场令人感动的特别婚礼。

踩着熟悉的婚礼进行曲，新娘赵望梅在新郎尚宗强的搀扶下，一瘸一拐地走向舞台。全场掌声经久不息。

在背景音乐中，新郎掏出的不是婚戒，而是一把普通雨伞。

他深情地望着他的新娘说："送你一把伞，是想告诉你，我愿意一辈子为你撑起这把伞，为你挡风遮雨！"在众人的祝福声中，新郎当场撑开这把伞。

虽然在车祸中智力受到影响，但这并没有影响新娘表达最朴素、最真挚的爱。赵望梅拿起笔，现场写了一行字："老公，我爱你！"简简单单的一句话，却承载了无限的深情。

"我能想到最浪漫的事/就是和你一起慢慢变老/直到我们老得哪儿也去不了，你还依然把我当成手心里的宝……"这是赵望梅车祸前最爱唱的歌，不知是谁起了个头，全场宾客一起大合唱。

这一段感人肺腑的歌声，已经把这份感动和浪漫，永恒地留住。

也许，再多的苦难都是为了此刻的幸福。

心灵感悟：

也许，我们不完美，可是这也不影响爱或被爱。真爱一个人，不是爱他的外在条件而是爱他的心。女人，找相爱的人，必须是真心为你付出的人，这样的人才是值得你去爱的人。女人，千万不要被一个人的外表或家世所迷惑，不爱你的人你就是得到了，一辈子也不会幸福。女人请记住：爱是相守，不抛弃。

不是只有一条路通往爱情

谁也没想到，闺蜜小美会神不知鬼不觉地与一位月入4000元的图书馆管理员结了婚。不仅如此，她还意外怀孕，恐怕满月酒与结婚仪式要一同办了。

如果她是长相平凡、亦没有被物质浸染的女孩也就罢了，偏偏，她貌美如花、家境良好、虚荣心强，18岁开始就周旋于成功男人与富二代的圈子，精通恋爱经济学，房和车都是前男友的馈赠。这样的女孩，突然转性，无人不担心她是心血来潮。

认识她的人都知道，如果她同意出嫁，早能过上少奶奶生活，可她一直犹豫，直到碰上这位饱读诗书的图书管理员。

恐怕最真实的原因，要追溯到她自身，那些有型有款的富家子，与她是太相似了。

有时，看她与前男友走在街上，就像时尚大片里走出来的男女，星味儿十足。看起来十分美好，可好景不长，她开始变心。历数男友们的缺点时她

会说：他唱K总是念错字，他把熊出没注意，读成熊出，没注意。

不猜也知道，那是在学校里睡到毕业的富家子才有的独特风景。按说这也没什么值得诟病，她自己也是没怎么读过书，但她就是看不起这样的人，而且，越是陷入这种生活，她就越看不起自己。一个女人，不能用外表的奢华掩盖精神的缺失，她是太需要一个精神世界丰富充盈的男人了。

于是，这样一个男人走进她的生活。他以读书为乐，对历史典故津津道来，会吟她不懂的诗词，也不那么功利，非常自信，没有为了生存狠狠相逼的沧桑感。总之，他很干净，是世间少见的净土，安抚她疲惫身心的伊甸园。

在别人都说她是物质女孩时，这个男人就是她的面子。她就像一块海绵，可以从他那里吸收的东西更多。

有的人的爱，是一望既知，有的人的爱，却能给人灵感。这个男人，就让她产生灵感，突破了自己。渐渐，她的美也烙上了一层知性的光辉。

这就是她在这场爱情里得到的。

其实爱，也没有什么特定的标准，每一时的需要也有不同。比如你为钱挣扎惯了，就想有一段简单质朴的爱情，找一个内心丰盈的男人，过一种虽不奢靡也没负担的生活。

我看她望着他，眼神温柔，充满崇拜，一点没有下嫁的感觉。也许真的不是下嫁，爱情的赛道不止一条，当所有人都扑向金钱，只有那些从金钱里爬出来的女人，才会沉默地走向另一跑道。

心灵感悟：

女人，跌跌撞撞，寻寻觅觅，却始终寻不到那么能够让自己心灵栖息的地方，这个时候也许你该转换一个方向，在下一个转角，会出现一个你以前从未遇见过的类型的人，这个人说不定就是那个能够触动你心扉的人。女人，一定要找一个能够沟通内心丰盈的人，这样两个人相处才能有共同语言。

做他的手臂

自幼失去双臂的广西瑶族男孩黄阳光，虽然只上到小学三年级，但却凭借坚韧和聪颖，将自己在田间务农的一系列动作，创作成了震撼人心的"足舞"。他也由此成为中国残疾人艺术团的专业舞蹈演员，与同事"千手观音"领舞邰丽华一样，多次受到胡锦涛等国家领导人的接见。8年前，一位漂亮的北大女硕士被他的才艺所征服，经过一番热烈的感情攻势，最终成为了他的妻子……两人曲折感人的爱情故事，令人动容。

一、一见倾心，北大才女约会无臂"坚强哥"

"快来看，这个视频太感人了！"2006年初一个飘雪的日子，23岁的北大研究生陈静正在宿舍看书，忽然被两名室友喊了过去。电脑上正播放着一个网络短片，讲述的是一位失去双臂的小伙子，不仅生活能自理，还用自己在田间地头忙碌的动作，编排出了一支优美而感人的舞蹈，由此被中国残疾人艺术团吸收为专业舞蹈演员。改变命运后，他不忘通过做慈善回报社会……"一个没有手臂的普通农民，竟能舞出这般精彩的人生，他的故事太励志了！"在这个呵气成冰的冬日，陈静被视频中的男孩深深感动。

当晚，陈静从网上查询到，这个名叫黄阳光的无臂舞者，几天后将在北京演出他独创的舞蹈《秧苗青青》。她兴奋地邀请室友："到时候咱们一起去看他的表演吧！"两个小姐妹欣然同意。

2月18日，当国家大剧院的舞台灯光逐渐由暗变绿，一位身型单薄的

小伙子踩着音乐变化的节奏缓缓现身，扁担和两只水桶，宛如一条轻柔的绸带在他的肩上自如地舞动……台下掌声不断。接着，他竟然用脚灵巧地做出了插秧、挑水、浇苗等一系列动作，还时不时用脚抹一下额头上的汗水，将人与秧苗之间的微妙关系展现得淋漓尽致。陈静顿时被震撼了，心想，他能把辛苦的田间劳作演绎得这般贴切，一定吃了很多苦。

演出结束后，陈静怀着崇敬和好奇，捧着一束鲜花到幕后找到了黄阳光。卸下舞装的他身材削瘦，脸庞黝黑，脸上洋溢着善良的笑意，像他的名字一样灿烂。因时间仓促，两人当天并没有太多交流，分别时互留了联系方式。

几天后的一个周末，陈静鼓足勇气拨通了黄阳光的手机，约他去北海公园玩。挂了电话，陈静感觉脸上烫烫的，长这么大，她还是第一次主动接近男生。虽颇感意外，但黄阳光还是出来和陈静见了面。

逛完公园，陈静执意要请黄阳光吃饭，小伙子却脸一红说："和我一起吃饭，会很尴尬的。"当饭菜端上桌后，陈静才明白他说的尴尬是何意。原来，阳光一直是用双脚吃饭的。可在大庭广众之下，又是和一个年轻的女大学生同桌进餐，他怎么好意思脱鞋子呢？见他坐在对面纹丝不动，陈静就夹起一片醋溜鱼，耐心地挑出里面的刺，和着米饭一勺勺喂黄阳光吃，并对四周异样的目光视若无睹。黄阳光的眼睛顿时湿润了，从小到大，除了父母还没有谁这样喂过他吃饭呢！其间，随着黄阳光的讲述，陈静进一步了解了他不寻常的人生经历……

1977年，阳光出生在广西桂林平乐县二塘镇启立村。5岁那年，他因好奇爬上了变压器，被高压电击伤。最后虽侥幸逃过了鬼门关，双臂却因伤势过重而被截肢。

从此，黄阳光的生活被彻底改变了。由于没有双臂的平衡，他走路时稍不小心就会跌倒，起身下床时也经常摔到地上。因为下面还有两个弟弟和两个妹妹，父母有时照顾不暇，阳光就早早地开始苦练自理能力。刚开始练习用脚给自己洗脸时，脸没洗干净，水却泼了一身；刷牙时，牙刷放不到嘴里，牙膏却涂了一脸；吃饭时，洒在桌上的比送进嘴里的还多……妈妈看着不忍心，要帮忙，却被懂事的他拒绝了。通过日复一日的苦苦练习，几个月后，小阳光终于能用灵巧的双脚自理生活了！

上小学后，老师特别允许黄阳光只须听课，不用写作业。但他最终还是练会了用嘴咬着笔写字，尽管为此一次次磨破了嘴，鲜血直流，小阳光却用坚强的意志战胜了苦难。

因为家境贫穷，念完小学三年级，他就辍学跟着父母干起了农活。黄阳光心灵"脚"巧，不仅能用双脚飞快地插秧苗、拔萝卜，后来甚至还学会了用竹条编织各种农具，精巧程度连很多乡亲都自愧不如。

18岁那年，乐观开朗的他还把农民在田间地头忙碌的情形，编成了一支生动的舞蹈，每当在乡亲们面前表演，都会博得阵阵掌声！

二、倒追才子，女硕士冲破世俗

后来，当地电视台播放了这位"无臂才子"自强不息的故事，并引起桂林文化局的关注。2001年8月，第五届全国残疾人艺术大赛拉开帷幕，在文化局老师的指导下，黄阳光以一支独舞小品《茶歌》，参加了广西赛区的比赛。

他在舞台上的表演是那样自信、潇洒、灵活，踏着轻快的旋律，他轻松得就像徜徉在自家的田间……他不仅获得了3项大奖，还由此被中国残疾人艺术团吸收为专业舞蹈演员。

24岁的黄阳光就此跨出大山，来到北京这片更广阔的天地。中国残疾人艺术团专门请来舞蹈艺术家，对《茶歌》进行了重新编排，取名为《秧苗青青》。这意味着毫无舞蹈和音乐基础的阳光，必须从头学起，才能真

正达到正规舞台表演的专业要求。

为了把握音乐的节拍，他每天排练过后都要反复地听录音；伴舞的伙伴都是聋哑人，为了跟他们默契地配合，他休息时也不敢闲着，仔细看他们的走位。白天参加完编舞、排练，晚上还要单独训练，除了必要的休息，黄阳光将所有的时间都交给了《秧苗青青》。

辛勤的汗水换来的是掌声。2002年5月14日，在北京世纪剧院，当时的国务院总理朱镕基看完演出后，在台下将黄阳光一把抱住，鼓励他继续挑战人生。

2004年9月28日，在雅典残奥会闭幕式"中国8分钟"的表演中，一身白衣的他登上由舞蹈演员组成的"盛开的莲花"，在360度的旋转中，无比虔诚地用嘴衔下神圣的残奥会会徽，交给"千手观音"的领舞邰丽华。场面唯美而感人，被开闭幕式总导演伊维斯称为"闭幕式中最大的亮点"。

黄阳光的娓娓讲述，听得陈静唏嘘不已。当遭遇不幸，他没有抱怨命运的不公，也没有为失去双臂而消沉，而是用自己的经历告诉世人：没有双手，一样可以生活得很快乐，很精彩！

此后，两人经常通过QQ或电子邮件交流，令陈静惊讶的是，黄阳光用脚在键盘上敲字的速度，比她用手指都快！他们在网上聊生活，聊人生，聊彼此的经历和感慨，似乎总有说不完的话。随着交往的频繁，美好的情愫开始在两人心里慢慢萌生。

陈静的心思，黄阳光自然明白，他又何尝不想和这位善良女孩成为情侣呢？可一想到自己是个残疾人，而对方是年轻漂亮的北大硕士，一向勇敢的阳光便心生退意。后来，他开始刻意疏远陈静。

一天，久未联系的陈静忽然出现在黄阳光面前。陈静像是彻底死了心，突然仰起脸说："我前段时间回安徽老家了，我想一毕业就离开这儿，北京已经没有值得我留恋的东西了。以后我们可能没有机会再见面了，朋友一场，今天就算是我向你辞行了吧。"

听了这话，一直故作平静的黄阳光顿时慌了神，"你不能离开北京！"他脱口而出。陈静说："我已经决定了，我不再奢望爱情，回家乡找份工作，再随便找个人把自己嫁掉，终老一生。""不行！"黄阳光说道，"你留下来吧，我们共同面对未来。"听到这句话，陈静一下紧紧地抱住黄阳光，幸福的泪水奔涌而出……

但这份特别的恋情，并没有得到祝福。当父亲得知陈静谈了一个无臂对象，当即在电话中暴跳如雷，随后，父母直奔北京当面劝阻女儿。

陈静耐心地给父母讲阳光的人生经历，并带二老去看他的精彩演出，还从男友住处悄悄捧出一摞书信给父母看："这都是他资助的那些孤儿写来的感谢信。"

黄阳光一有时间就陪两位老人逛北京，品尝各种风味小吃，还请著名的老中医治好了"未来岳母"的老寒腿。相处一段时间后，见小伙子真诚善良，并且很爱自己的女儿，陈静的父母终于认可了这个准女婿。

三、历经曲折婚姻绚烂如花

事实上，起初不仅父母极力反对陈静的恋情，就连闺密也以为她在"发烧"，并帮她分析说："当你在外面受了委屈，想要一个温暖有力的怀抱时，他能给你的只是两只空空的袖管；当你和他一起逛街时，注定要被复杂的目光所包围……你想过这些吗？"陈静的回答斩钉截铁："他没有双臂，我可以做他一辈子的手臂，我拥抱他！当两颗心紧紧地贴在一起时，任何力量也无法再将我们分开，包括世俗的眼光。"

2008年国庆节，这对有情人终于在双方父母的祝福声中，举办了简朴的婚礼。当天，阳光的妈妈喜极而泣："没想到我儿子竟然能娶到一个北大硕士媳妇，不知是哪里修来的福分呦！"

婚后，陈静成了丈夫的手臂，她每顿饭都一口一口地喂阳光吃，并承担了大量家务，她让丈夫把主要精力放在工作和绘画上，希望他在艺术之路上越走越宽广。

在爱情的滋润下，陈静变得光彩照人，并在北京谋得了一份薪水不菲的白领工作。而黄阳光更是攀上了事业的高峰——2008年北京残奥会期间，他参加了数十场公益演出，9月11日晚上，胡锦涛和国际残奥委会主席在北京保利剧院观看《我的梦》演出后，特意走到黄阳光身边，亲切地拥抱了他，并对他说："你演得很好，辛苦了！"目睹此景，观众席上的陈静激动得热泪盈眶。

不仅舞跳得好，黄阳光还酷爱书画，2007年有幸结识国家一级国画大师史国良后，在老师的指点下，他的绘画造诣突飞猛进。当年，他还成了中国书画艺术研究院常务理事及高级研究员。

2008年底，黄阳光在美国奥克兰市举办的个人画展，引起了全美轰动。当看到那一幅幅极富意境的中国字画，大洋彼岸的艺术们连连惊呼："太不可思议了，这些佳作竟然是用脚画出来的！"他的一幅名为《富贵有余》的国画，当场被"美国中华艺术博物馆"永久收藏。画展期间，拍卖作品的收入黄阳光一分不留，全部捐给了汶川地震灾区基金会。

随后，陈静还帮黄阳光创办了"黄阳光足画艺术网"。在她的操持下，丈夫的事业越来越红火。2010年5月～10月，上海世博会期间，黄阳光代表广西在世博会"生命阳光馆"展示残疾人技能，当国外友人看到他的足画，纷纷翘起大拇指称赞，一些国家的政要甚至出钱收藏他的画作。

2011年，一次在日本表演完《秧苗青青》后，全场观众不约而同地起身鼓掌，并向黄阳光鞠躬致敬！一位老奶奶艰难地从人群中挤到他的身旁，含着泪说，一定要摸一摸黄阳光的双脚……

无论走到哪里，黄阳光心里最深的牵挂都是妻子陈静。每到一处演出，黄阳光都不忘给爱妻买礼物。法国香水、保加利亚玫瑰精油、澳大利亚绵羊油、印度纱丽……没有演出任务时，他就在家里帮陈静熨衣服、修拉链，并下厨弄一桌子她喜欢吃的菜肴。每当下班回家后，闻到扑鼻的饭菜香气，陈静都感动不已。要知道，那一根根土豆丝，一片片茄子，都是阳光用脚夹住菜刀切出来，再用脚夹着锅铲翻炒出来的。那些曾经反对陈静嫁给黄阳光的朋友，此时都对她艳羡异常，说黄阳光虽没有手臂，却有一颗体贴入微的心，而且里面满满地装的都是陈静，她这辈子想不幸福都难了！

2011年8月，阳光做了父亲。儿子的降生，使他们那间50平方米的出租房多了一份温馨和欢乐。黄阳光总是用脚将孩子紧紧拥抱，细细端详，还抢着用嘴含着水壶给儿子冲牛奶，满脸都是幸福……如今，模样俊俏的儿子已经长到一岁半，可以清晰地叫"爸爸妈妈"了。

12年来，黄阳光随中国残疾人艺术团先后到过美国、日本、意大利、埃及、土耳其、丹麦、希腊、澳大利亚等80多个国家和地区访问演出，他用自己的舞蹈、画作和人生故事，不断震撼着世界各地观众的心灵。

2013年初接受记者采访时，黄阳光自信满满地说，他要努力工作和创作，争取早日在北京买下一套属于自己的房子，让妻儿生活得更幸福！

心灵感悟：

慧眼识金，世界上就是有这样的女人，敢于冲破世俗，坚定自己所爱，最终获得幸福。一个真诚善良有上进心的人，不论他身体有什么缺陷，他都是值得爱的，你爱他对他好，他便不会亏待你。

用什么浇灌爱情

强子和燕儿从小一块儿长大，两人从幼儿园、小学、中学一直读到大学，都在一个班，算得上是青梅竹马、两小无猜了。毕业后两人又一起应聘到同一家广告公司工作，更算得上是如影相随、有缘有分了。

"燕儿，嫁给我吧！"

在公司工作不久，强子就正式向燕儿求婚。强子想，他和燕儿读高中时就有那朦胧的"意思"，大一时正式谈恋爱，到现在工作和生活基本稳定，是该结束爱情"马拉松"长跑，成家立业了。

哪知道燕儿一听强子求婚，神色很不自然，说话也吞吞吐吐。燕儿说："我们不合适，我们算了吧……"

这太出乎意料了，强子不太相信："你这是说的玩笑话吧？"他伸出手想去摸燕儿额头。

伸出的手被燕儿坚决地打了回来。

强子大惊，大惑，这才想起最近一段时间，公司里有几个年轻小伙向燕儿献殷勤，就连年轻帅气的公司老总，看燕儿的眼光也是火辣辣的。强子当时还得意呢，认为这说明燕儿漂亮有魅力。哪知道燕儿花心了，不愿意嫁给自己了。

强子努力稳定了一下情绪，问："你告诉我，这是为什么？"

燕儿说："你知道的，我的爸爸妈妈都反对……我们的爱情没有基础……"

是啊，强子和燕儿两家都很穷，燕儿的爸爸妈妈一向反对女儿和强子恋爱。强子一下子明白了，爱情不浪漫，爱情真现实，现实真残酷啊！才离开大学校园步入世俗社会，燕儿就嫌他是穷光蛋了！

强子感到鼻头发酸，他自始至终是深爱着燕儿的呀！他在心里痛苦地挣扎着，无力地问道："虽然我现在很穷，没车没房没存款，但我们从小一块儿长大，有二十多年的感情，这还不能成为爱情的基础吗？"

　　见燕儿不回答，强子哀求道："我们成家后可以一起奋斗，我会给你幸福生活的，我保证！"

　　燕儿咬咬嘴唇，似乎有些动摇。但最终狠狠心，掉头走了。"燕儿，燕儿，你回来……"强子跌坐在地，第一次为爱情流下心酸痛苦的泪水！

　　度过了一个不眠之夜，强子到公司辞了职，离开了这座伤心的城市。原来，爱情的基础不是爱，不是情，是生存，是油米柴盐，是房，是车，是钞票。强子算是看透了爱情。他发誓：一定要出人头地！一定要夯实爱情的基础！

　　弹指一挥间，十年过去了。这十年里，强子睡过大桥洞，吃过冷馊饭，被人骂过，被人打过，他都忍了下来。他从一个车间工人做起，做过小组长，班长，车间主任，副厂长，厂长，一步一个脚印，一直做到公司董事长。

　　强子成功了，也需要成个家了。

　　强子知道，自己身边美女如云。他需要谁，就可以得到谁，包括有夫之妇。但他无法辨别的是，她们当中，谁是真正爱他的。

　　强子想了个办法，到婚介所去征婚。他刻意隐瞒了自己的身份，只说自己是公司里的一个小职员，没车没房没存款，但正直善良，有爱心，愿找一位具有相同品德的女伴平凡地度过一生。

　　意外的是，在婚介所，强子遇见了燕儿，燕儿是婚介所的一名普通职员。燕儿穿得很朴素，但整洁。虽然看上去有点沧桑，但仍然掩不住她固有的美丽。

　　看见强子，燕儿既惊喜，又慌乱，又惭愧，脸涨得通红，语无伦次：

"啊，是强子，真没想到在这里见到你……你还没有成家呀？"

在强子的执意要求下，燕儿和强子一起去了餐厅。两人分别诉说着这十年来各自的经历。当然，强子继续隐瞒了自己的身份，说自己是公司里的一个小职员，虽然没车没房没存款，但生活得很平淡很幸福。

对自己的命运，燕儿摇头叹息。她告诉强子，强子辞职后不久，在广告公司老总的强烈攻势下，在爸爸妈妈的极力支持下，她和老总结了婚。爱情的物质基础坚不可摧，原以为会幸福一生，哪知道结婚才一年多，老公就经常不回家，回家也不怎么搭理她。有时候老公醉醺醺回家，还骂人、打人。后来了解到，老公在外面不仅养着"小三"！原来男人有钱就变坏，她绝望了！她毅然和老公离了婚，来到这座陌生的城市……

燕儿流泪了，强子连忙递上纸巾。燕儿趁势捉住强子的手，久久不愿松开。燕儿哭着说："强子，我错了！我终于懂了，爱情的基础不是生存，不是油米柴盐，不是房，不是车，不是钞票，是爱，是情！你原谅我，我们重新开始，好吗？

望着燕儿近乎乞求的目光，强子心很痛，他讷讷地："这……"

"强子，你不知道，我真后悔伤了你的心啊，离婚后，我没有再婚，常常想起你，但我没有勇气来找你……"燕儿泣不成声了。

强子一下子心软了。其实这十年来，自己何曾忘过燕儿呀！对于她，他爱过、恨过、怨过、想过，总是那么割舍不下！

"可是，我只是公司里的一个小职员，没车没房没存款，不能带给你幸福呀……"

"我只要你，你就是我的全部！"

两人抱在一起，都哭了，他们终于重新找回了爱情的甜蜜和幸福！

心灵感悟:

真诚是阳光，相伴是雨露，问候是春风，理解是肥沃的土壤，包容是肥料，用它们培养爱情，爱情一定会开花结果。女人，要知道你需要的是一个理解你的人，关心你的人，无论何时都会陪在你身边的人，而不是一个一味只顾着财富和名利的人。

爱情需要坚持

那天晚上，参加了一个聚会的安妮很晚才回家。半路上突然钻出个酒鬼，拦住了安妮的去路。酒鬼正调戏安妮要动手动脚的时候，比尔出现了。比尔上前一把抓住酒鬼，大吼一声："你想干什么？给我滚！"然后踹了酒鬼一脚。酒鬼一个趔趄，酒也醒了，赶紧爬起来就跑了。

因为比尔救了安妮，安妮感激比尔，就请比尔去喝咖啡。两人聊天聊得很开心，比尔十分健谈，总是逗得安妮笑个不停。咖啡厅里的人都不时地瞧瞧他们，在大家看来，他们是一对幸福的情侣。很晚了，比尔才送安妮回家。这一晚，安妮失眠了，她的脑子里满是比尔的身影。安妮知道，自己对比尔是一见钟情了。

其实，比尔的"英雄救美"都是他一手导演的，比尔看上了安妮的美貌，更在乎的是安妮家的财产。安妮的父亲开了一家大公司，有着数亿的资产。

第二天，安妮和比尔约会了。他们玩了一整天。从此之后，安妮和比尔频繁约会，安妮越来越喜欢比尔了，一刻不见比尔她就闷得慌。

这一切，终于被安妮的母亲知道了。安妮的母亲打听到比尔是个混混，成天游手好闲，打架斗殴，顿时紧张起来。她可不希望自己的女儿嫁给一个

混混，那样会毁了女儿一生的幸福，也会毁了这个家。于是她阻止安妮跟比尔来往，叫安妮放弃。可是正在热恋中的安妮，哪能说放弃就放弃呢。没办法，安妮的母亲只好把她关在别墅里，整天都不让她出门。好几次比尔来找安妮，总是不见安妮，便在外面叫安妮的名字。安妮听见了，但她却不能出来。安妮的母亲走出来，把比尔赶走了。

一连几天，比尔都没见着安妮，他真担心自己的努力就此失败了。于是，他又一次来找安妮。在别墅的大门口，比尔不停地叫着："安妮，我爱你！安妮，我爱你……"安妮听见了比尔的喊声，却出不去，流着眼泪说："比尔，我也爱你！"安妮的母亲听了很不是滋味，她知道这样下去不是个办法，于是她走出去对比尔说："你别喊了，我不会把我的女儿嫁给你的！我给你一笔钱，你离开她，行吗？"

比尔笑了。他追求安妮，在乎的就是她家的财产，现在就能得到一大笔钱，有什么不好呢？况且纠缠下去也不会有什么好结果，于是比尔爽快地说："行！"安妮的母亲还让比尔写了一份保证书，保证他以后不再来找安妮，然后，给了比尔一大笔钱，足够比尔一生吃喝。比尔拿着钱，高高兴兴地离开了。

比尔离开了这座城市，去了另一座城市，靠着那笔钱过着快乐的生活。

比尔走了，安妮自由了，可是她却快乐不起来。她想比尔，四处找比尔，四处打听比尔的消息，却一无所获。最后，安妮还在报纸上打了广告寻找比尔，希望他回来，回到她身边，她需要他，她爱他。

比尔在另一个城市得知此事，忍不住好笑，看来这个安妮是对他动了心呀！而比尔对安妮根本就没有一点感情，他当然没有回去，他甚至又搬到更远的另一座城市去了。他担心安妮找到他，给他带来麻烦。

比尔想，过一段时间，安妮就会放弃。可是，他错了，安妮没有放弃。安妮开始写信了，一封封地写给比尔。安妮不知道比尔在哪里，她就把那些信登在了报纸上。每一封信，安妮都倾吐着自己对比尔的思念。安妮还在信中告诉比尔说，有许多富家公子想娶她，但她都没答应，她一直在等他，她知道他没有钱，但她不会嫌弃他。安妮还说比尔一年不回来，她就等一年；十年不回来，她就等十年。看到安妮的信的许许多多人都感动了，都骂比尔不是个男人。比尔看了安妮的信，也深深地感动了。

终于，比尔回去了，他悄悄地去看安妮。现在的安妮比以前瘦多了，一张脸上写满了忧伤。比尔见了安妮心里一震，他只知道为自己的幸福着想，却忽视了安妮的感情。他终于忍不住走出去跟安妮相见，真诚地说："安妮，对不起！"安妮看到比尔，欢喜地叫着："比尔，你可回来啦！"她一头扑在比尔的怀里，幸福得掉下了眼泪。

比尔把一切都告诉了安妮，安妮这才知道比尔并不爱她，所做的一切都是为了她家的财产。但她并没有生比尔的气，问他："你为什么又回来了呢？"比尔说："你坚持寻找我、等我，我知道你很爱很爱我，所以我就回来了。我发现我也爱上你了。以前我跟你在一起，是为了你家的财产，但现在我不会在乎那些财产了，我在乎的是你！"安妮幸福地笑了，她说："为了你，我也愿意放弃一切财产。"

比尔和安妮一起去她家，准备收拾安妮的东西然后离开，但是安妮的母亲却不让安妮走。她说："安妮是我唯一的孩子，我不能让她离开我！"比尔和安妮一惊，他们相互看一眼，心想不该回来就对了。比尔把剩余的钱都拿出来交给安妮的母亲，说："这些钱都还给你，今天，我一定要带安妮走！"安妮的母亲说："小伙子，安妮不能走，你也不用走啦，以后这里就是你的家。现在我相信你是真心爱安妮的，我把她交给你了！"比尔和安妮一听高兴得跳了起来，他们紧紧地拥抱在一起，他们的幸福从此开始了。

　　时间可以毁掉一段感情，同样时间也可以证明一段感情。在等待中坚持，怀着美好的希望也做着接受最坏的打算，幸福也许很远，可是总有会来的一天。女人，要学会为爱坚持，保持好心态。

站在台阶下的爱情

　　容颜娇嫩，皮肤白皙，她真的很漂亮。但唯一不足的是，即便穿上高跟鞋，她也才刚过一米五。看着那些身材高挑的女孩一幅高傲的样子，她发誓要嫁个伟岸的丈夫。缘分在她的渴望中降临了。朋友死拉硬拽让她参加一次相亲会，在那里她看到了他，一眼便喜欢上了。他一米八的个头，魁梧挺拔，剑眉朗目。她娇小可爱的样子，也让他心里陡然间生出一股怜爱来。

　　两个人就这样相爱了。尽管他没有大房子，她还是心甘情愿地嫁了。拍结婚照时，两个人站在一起，她还不及他的肩膀。她有些难为情，他笑了笑，没说她矮，却嘲笑自己太高了。摄影师把他们带到有台阶的背景前，指着他说，你往下站一个台阶。他下了一个台阶，她从后面环住他的腰，头靠在他的肩上，附在他耳边悄声说，你看，你下个台阶我们的心就在同一个高度上了。

　　结婚后的日子就像涨了潮的海水，各自繁忙的工作，没完没了的家务，孩子的奶瓶尿布，数不尽的琐事，一浪接着一浪汹涌而来，让人措手不及。渐渐地两人便有了矛盾和争吵，有了哭闹和纠缠。

　　第一次吵架，她任性地摔门而去，走到外面才发现无处可去。只好又折回来，躲在楼梯口，听着他慌慌张张地跑下来，听声音就能判断出，他每次都跳了两个台阶。突然，她听到他"哎哟哎哟"地叫起来。担心不已的她，立即从楼梯口跑出来，想伸手去扶他，却被他用力一拽，跌进了他怀里。他捏捏她的鼻子说，以后再吵架，记住也不要走远，就躲在楼梯口，等我来找你。她心里顿时甜甜的。

第二次吵架是在街上，争着争着她就恼了，摔手就走。走了几步后躲进一家超市，从橱窗里观察他的动静。以为他会追过来，但他却没有。他在原地待了几分钟后，若无其事地走了。她又气又恨，怀着一腔怒火回家，推开门，迎接她的是一脸笑容：回来了，等你一起吃饭呢。他揽着她的腰去餐厅，一桌子的菜都是她喜欢的。气消了一大半的她佯装愤怒：为什么不追我就自己回来了？他说，知道你没有带家里的钥匙，我怕万一你先回来了进不了门；又怕你回来饿，就先做了饭……我这可都下了两个台阶了，不知道能否跟大小姐站齐了？她扑哧就笑了，所有的不快全都烟消云散。

一天，他说有个必须参加的聚会，晚上就不回家了。事不凑巧，这天晚上孩子发高烧。她给他电话，可是等来的是关机提示。担心不已的她，只得独自带着小脸烧得通红的孩子到了住家附近的爱德华医院。医生在量过孩子体温后，看着40度的指标，严厉地说："如此高烧，很容易烧出肺炎脑膜炎的。"经过医生的细心诊治，孩子的烧退了。

第二天早上，他才得知孩子发烧住院了。急匆匆地赶到爱德华医院，迎接他的是她的暴风骤雨般的责备。他没有辩解，一直到孩子出院。

孩子出院后，看着依旧责怨他的她，他选择了离开。他说吵来吵去，他累了。收拾了东西之后，他搬到自己单位的宿舍里去住，留下她一个人，面对着冰冷而狼藉的家，心凉如水。

那天晚上，她辗转难眠，无聊中打开相册，第一页就是他们的结婚照。从照片上看不出她比他矮多少，可是她知道，他们之间还隔着一个台阶。她拿着那张照片，忽然想到，每次吵架都是他主动下台阶退让包容，而她却从

未主动去上一个台阶。其实，她上一个台阶，也可以和他一样高的啊。

想起和他的点点滴滴，明白了爱是需要包容的。于是她拨通了他的电话。

心灵感悟：

　　爱，需要相互包容。相爱容易，相守难。有很多相爱的人不懂得包容，最终在失去对方的时候感到深深的后悔。女人，要学会包容自己的另一半，珍惜彼此的感情，不要等到失去的时候而后悔。

三分靠缘分，七分靠珍惜

　　我早就想在情人节给燕妮献上一枝玫瑰花。燕妮不是我的女友，我也不是她的恋人，我给她送花并不奢求得到什么，我只想为自己心爱的姑娘送上一份节日的问候。

　　认识燕妮是一年前的一天中午，那正是樱花开放的季节，我们都上大三了。那天，学校的午间广播刚刚停息，寝室里一片宁静，弟兄们纷纷准备午睡了。

　　突然传来一串轻轻的叩门声，不知谁在被窝里粗鲁地吼道："找谁？"叩门的手指犹疑着，又轻轻敲起来，一个纤细的声音问道："黄彬在吗？"啊，是个女孩子。

　　寝室里的空气霎时兴奋起来。我们笑嘻嘻地将头探出蚊帐，连声催促黄彬："快，快，阿黄，找你的！"阿黄忙不迭地套上他的臭鞋子，箭步趋前，可恨他将门只打开一道缝，把身体斜钩在门内，只伸出头和那外面的女孩说话。我们只能听到他们用鸟儿一样婉转的家乡话叽里咕噜地说些什么，却看不到女孩的面容。

屋里的几个急了，一个朝阿黄嚷嚷着："快让客人进来坐呀！"傻阿黄似乎才反应过来，连忙发出邀请。几番推辞之后，女孩终于进了屋。我们的眼睛好像在浑浊的暗夜里突然打开了一扇明亮的窗户：是一位美丽的天使！只见她秀丽的脸蛋上架着一副黑框眼镜，胸前垂着两条可爱的小辫子，她的皮肤粉白粉白，好似室外盛开的樱花，无意中将花粉全撒到了她的脸上。那笑吟吟、羞怯怯的样子愈发衬托出她的清纯动人。糟糕，瞧我们这间凌乱的寝室：桌上是乱七八糟的书本碗勺，地上是横七竖八的杂物鞋子，空中的绳子上随意搭着毛巾、三角裤，再加上人仰凳翻，姑娘居然连个坐的地方都没有。

正在大家后悔不迭之时，女孩已经先行道歉了："对不起，打扰你们了，下回我挑个好时间来。"说着，她的身影已轻盈地飘出了屋，还轻轻为我们带好了门。

据阿黄交代，女孩子叫燕妮，正读法律系三年级。不知为何，虽然只有那么短短的一瞬间，燕妮的影子在我心中却怎么挥也挥不走了。那天燕妮进屋时，我闻到了一股幽幽的香味儿。她走了，那香味儿还在，让人怜爱地弥漫在空气里，盘旋在我的枕畔。我开始焦灼地盼望着燕妮的再次出现，盼望再次看到她灿烂的笑容。

我还以为这种期盼和思念只不过是一个尚未成熟的男孩子寻求的一份新鲜和刺激，后来我才明白，这种焦灼只属于恋爱中的傻瓜！我已经不可救药地喜欢上了燕妮。

然而，转眼一月过去了，燕妮却再没有光顾我们的寝室。

我猜想，燕妮定是被我们宿舍的"悲惨"状况吓得不敢再来了。于是，我悄悄地当上了寝室的管家。我敦促这个勤洗袜子，提醒那个多整理桌子，还呵斥那个不要把刚换下的内衣内裤随随便便地就搭在绳子上。弟兄们常常犯疑地看着我："洋阳，你哪根神经搭错了！"谁料细心的阿黄却一下子点破了我心中的小秘密："你是盼着哪天燕妮再来吧？"弟兄们一听，恍然

大悟，围着我大声起哄。我很男子气地说："是又怎么样？"阿黄顿时"悲壮"地说："可惜呀，燕妮已经有主了！"

我大惊失色："什么？是谁？"

"是他们法律系的一个研究生，听说帅得很，又有才。刚刚是两个月前的事儿。"什么？两个月前？那时候，我早已见过了燕妮！我恨不得捶胸顿足，我为什么没有捷足先登呢？我感到仿佛有一只美丽的花瓶摔到了瓷砖地上，花瓶的碎片正割裂我的心房。弟兄们还在一旁为我出谋划策，要将燕妮夺回来。可在我心中，爱一个人，就应当祝愿她幸福。既然燕妮有了男友，或许，我该将自己的爱意偷偷收藏……那一夜，我辗转反侧，难以入眠。不久，我果然在校园里看到了燕妮和她高大帅气的男朋友，他俩挨得很近，亲亲热热，有说有笑，格外引人注目。燕妮仰脸望着那男孩时，我看见她眼睛里闪着亮光，脸上绽开着幸福的笑容。而他呢，高大英俊，满脸自得。

燕妮真的不再来了。阿黄倒是常常有老乡聚会，听说常有燕妮参加。每每看到阿黄欣欣然换装准备出发的样子，我便又一次怅然若失：阿黄既不风流倜傥，也不英雄才俊，缘何有燕妮那样玲珑剔透的老乡？

好心的阿黄为了逗我开心，经常找借口带我到燕妮寝室去玩。我们并没有什么要紧事，只是坐着喝茶，聊一些无关紧要的事。接近燕妮，更知道她是一个心无城府、活泼开朗的好姑娘。和她在一起的日子，总是那么开心，可离开她的日子，却变得更加难熬。

燕妮终于记住了我的名字。她常拿我开玩笑："洋阳，你长着一张娃娃脸，永远都像小孩子。"

唉，的确，我的外表并不显得成熟，而且，那天我悄悄与燕妮比身高，我只比她高一点点，这愈发使我没了勇气。恐怕，我是永远也不敢向燕妮表白心迹了。

偶尔，燕妮也来我们寝室坐坐。每次她来，我总要给她冲上一杯她爱喝的果汁。几个弟兄总阴阳怪气地说："啊，我们也想喝果汁！"我瞪着他们得意地说："休想！"燕妮只顾羞涩地笑。

燕妮每次走，弟兄们总怂恿着让我送，于是，我就将她从樱园一直送回桂园她的宿舍门口。

一天，在回去的路上，我们正穿过樱花大道边走边笑，突然，我看见燕妮的眼中闪过了一丝忧郁。燕妮低声说："洋阳，我现在越来越想不明白了，我跟你们在一起的时候感到好开心，可我和我的男朋友在一起时却常常不快乐，我觉得他好像一点也不在乎我……"

我急忙男子气地劝慰她："优秀的男孩子都是这样的，当他拥有时，他会装得满不在乎，实际上，他心里肯定是爱你的。"

燕妮高兴地看着我："真的吗？真的吗？"我肯定地笑着，心中却针扎般疼痛。

回去后，我一言不发，生了自己一下午的闷气。多好的机会啊，当时，我真想对她说："对待那种自以为是、得意忘形的家伙。你应该以牙还牙，早早远离他！"

可我不能。男子汉大丈夫，怎么能乘人之危？

转眼情人节到了。

我想，燕妮的男友一定会为她买许多玫瑰花。而我，也情不自禁地为她买了一枝，我并不想得到什么，只想悄悄告诉燕妮，我很喜欢她。

中午饭后，我用一张大报纸将玫瑰花裹了一层又一层，生怕会在路上遇上熟人。我在心里一遍遍念叨着："玫瑰花，送给你！玫瑰花，送给你！"

来到燕妮的寝室。燕妮正忙着，她是班上的生活委员。

我悄然坐在她的旁边，看着她干活，玫瑰花还捏在我手里。

终于，她的手空了。她舒一口气，一回头，看见了我："你什么时候来的？对不起，冷落你了，你不要生气哦。""哪里哪里，是我来得不是时

侯。"我慌忙站起身，掏出那枝被报纸裹得严严实实的玫瑰花，正欲递上去，忽然有人叫她，她连说："就来就来。"又对我说，"真对不起，和同学约好了，去看篮球赛，不能陪你了。"我强作欢颜："你去吧，我也没什么事。"我悄悄留下玫瑰花，先走了。刚出门，燕妮就追上来，喊："洋阳，你的东西忘拿了。"我一看，天啊，燕妮正举着装着玫瑰花的报纸递上来。我接过它，嗫嚅地说："是……是报纸……"

我夹着玫瑰花，沮丧地回到宿舍。

打开报纸，看着那些玫瑰花瓣一片片落下，我的眼睛竟湿润了。

弟兄们一个个不知从哪冒了出来，大家见我悲壮地坐在那儿，一时都不知说什么好。阿黄先开了口："洋阳，有时缘分就是一刹那的事，为什么不鼓足勇气试试呢？"弟兄们一听，也都拼命为我打气，我一咬牙，拿起那枝玫瑰花径直跑到了篮球场。我知道有许多人在看着我，但我还是走到燕妮面前了，郑重地将玫瑰花送给她。

燕妮惊奇地看着我，瞪大了眼睛，羞红了脸。

"什么都不是，什么也不为。我只想说，我喜欢你！"在燕妮还没明白过来的那一刻，我已经说完转身走了。

真没想到，缘分就是那么一刹那。在我转身走时，燕妮被我的真诚和勇气打动了。两年后，燕妮成了我的妻子。

后来我才知道，那个情人节，燕妮的那位男友竟将燕妮最渴盼的那束玫瑰花送给了别人！而就在那个伤痛的夜里，燕妮忽然明白了很多，包括自己的选择！

心灵感悟：

女人，找的生命中的另一半不一定是帅气的，也不一定是多金的，更重要的是跟这个人在一起你会觉得轻松愉快，并且这个人也是真正关心你的人。女人，当有一个很珍惜你的人出现的时候，请不要犹豫，大胆的接受吧，这样才能获得幸福！

放纵的感情不是爱

那种用美好的感情和思想使我们升华并赋予我们力量的爱情，才能算是一种高尚的热情；而使我们自私自利、胆小怯懦，使我们流于盲目本能的下流行为的爱情，应该算是一种邪恶的热情。

我喜欢昕子，从我第一次见到她的那天开始。当然，那已经是五年前了。我喜欢她淡淡的有些妩媚的笑容，喜欢她轻盈得有些似云的步履。我觉得自己一旦喜欢一个人，就会喜欢上她的全部，包括她不喜欢我的那种感觉。

昕子就读的大学也就是我在读的大学。我并不喜欢它，从某种意义上说，我特别地讨厌它。我和昕子学相同的专业，被分在了同一个班级。这些有点出乎我的预料。但我知道，这些都是碰巧，不是缘分。因为，我和昕子之间不存在缘分，只有碰巧，那是她说的，我也相信。

昕子在大一下学期爱上了一个学习艺术的大三男生，他叫林。这是她在一堂无聊的《宏观经济学》上告诉我的。她说她喜欢林的一切，就像我喜欢她一样。

昕子和林的爱情进展得很快，认识不到一个月便开始了生活。

那段日子，我几乎天天逃课，时常出现在学校附近的那家舞厅，我坐在被众人遗忘的角落里，喝着一杯早已冰凉的红茶。音乐响起，整个舞厅有点像扔了炸弹的居民区，人们在惊恐中挣扎着。我默默地望着那些疯狂舞动的人群，一语不发。

尘也是那些人中的一员。在看见我之前，她的舞姿比任何人都妖艳与疯

狂。她舞着舞着，忽然就停下了，然后就默默地朝我走了过来。

"你也喜欢红茶？"这是尘的开场白。

"嗯。"我点头。

"那味道让人厌恶！"尘冷冷地笑了笑。

我不语，只是缓缓地端起剩下的红茶，喝了一口，然后又放下了，点燃一支香烟。

尘是一个很惹人喜爱的女子。

我一边吐着烟圈，一边起身要离开。

"等等，"说着她也跟着逃了出来，"我带你去一个地方。"

对我来说，无论哪里我都去，只要能给我安静。我没有反对她的提议，尽管我们只是刚刚认识。

走出舞厅，外边已经一片漆黑，只有远处挂着的那几盏昏黄的路灯仍有几丝亮光，夜风有些特别的凉。尘匆匆地走在前面，我紧跟着，我们走了很远很远。

尘告诉我，她在这附近租了一间房子——和她男朋友住在一起，现在她男朋友和别的女生好了，所以她单独住了。

"想不想去我住的地方看看？"她转身说着。

"嗯。"我点头。

尘的房间在二楼。她告诉我，这边租房子很便宜，每个月的房租最多六七十元。现在她男朋友虽然不和她住一起了，但房租他依然会付的。那房间里并没有别的什么东西，除了一张单人床，就只有一张写字台，一些没来得及清洗的衣服乱扔在地板上，我不明白为什么一个女人的房间也会那么凌乱。

"你不介意吧？"尘对我笑了笑。

"没关系。"我微微地应着。不经意间我看见了摆在写字台上的一张男女双人照片，那男的是林——昕子现在的男朋友。

"喝茶？"这时的尘像一个家庭主妇。

我点了点头说："红茶。"

"红茶！"尘依旧是笑，她的笑很特别，这点我是在她转身去泡红茶的那一瞬间发现的。

尘端来两杯热气腾腾的红茶。然后我们都坐了下来，缓缓地喝着。一边聊着一些并无特别意义的事情。

我也知道，尘需要的也一定就是那么一个纯粹的听众。我们聊得很晚，知道了很多她和她男朋友的事情。但是她并没有直接告诉我，她的男朋友就是林，我也没有问。然后我就开始为昕子担心，尽管我知道这样的担心毫无意义。

当我起身要离开的时候，尘忽然从背后将我抱住。

"你不要离开，好吗？我求求你了！"她在那一瞬间泪流满面。"你应该知道我为什么早就认识你了吧！"尘苦笑。

"知道，"我叹了一口气。"其实，那不是你的错，也不是林的错，更不是昕子的错。有些事情，它就是这样。我们无法左右，只有观望与接受。"我默默地说着。其实，我的心情又何尝不是一样的呢？

"对，我们都没有错，"尘依旧是笑，"不过，我想让你告诉你的昕子，林并没有她想象的那么好。"

我点头，然后，默默地离开了。其实，我知道，我说与不说都没有多大意义。

在接下来的几个月里。尘时常让我去她的住处，我们起初是聊天，我只是听众。尘说她对那份感情已经彻底绝望了。她只希望赶快毕业，然后离开。

偶尔她还会问我，昕子到底有什么魅力。我说，我也不知道。我只知

道，爱情有时候就是受罪。然后她说，她有时候真的不明白，为什么像我这样做什么事情都独来独往的人，竟然也会那么死心塌地地去爱一个根本不爱自己的人。

我说，我与生俱来就是一种错。只是觉得爱了就爱了，没有什么好后悔的。这时，尘忽然冷笑。她说，你很幼稚。然后，我们就开始很放纵自己。两个纠缠的灵魂，在漫无目地寻找着那若有若无的解脱。第二天醒来，相视一笑，好像什么事情也没有发生过。

我一直没有见到昕子，这点或许你很难相信，毕竟我和她是在一个教室里上课。但是，事实就是这样的。

已经是晚上十一点多了。外边下着大雨，我呆愣在宿舍里。想一些这一辈子都想不出结果的问题，然后电话就响了起来，是昕子。

"秦，你出来一下好吗？"昕子哽咽着。我想，她一定是发生了什么事情。

"我马上出来。"我挂了电话便径自去了她的住处。

到了那里，我发现昕子只是木木地站在马路上，任凭雨水侵袭，她已经浑身是水了，冷得直打哆嗦，我赶紧跑上前去替她遮住雨水。

"你别碰我！"昕子猛地将我推开，然后放声大哭起来。

"昕子？你告诉我，到底怎么了？"我一边说着一边将她送回住处，林不在那里了，我也大概明白了到底发生什么事情了。我默默地扶她坐下了，然后去找一些干的衣服让她换上。

昕子却一直这样木木地呆愣着。她忽然直起身，在我面前一件一件地把衣服脱下，我赶紧阻止她。然后她声嘶力竭地对我吼道："你不是一直喜欢我吗？好了，我今天可以满足你了！来啊！"

我默默地望着昕子那裸露的白皙的身体，呆愣了一阵，然后我离开了。毫无意义的眼泪，毫无意义地流淌着，滑满了脸颊。

昕子怀孕了，林有新女朋友了。

昕子说，她一定不会让林继续那么逍遥自在。但结局是，林依旧那么逍遥自在。昕子却被学校开除了。不同结局的原因是：林的父亲是某公司老总，每年都给学校捐助多达三十万元。

昕子离开学校的那天，尘来了。她苦笑着对我说："秦，你也离开？"

"嗯。"我默默地应着。

我始终想不明白，我为什么要离开。可我也一样始终想不明白，我为什么不要离开。其实，一切早已离开。

心灵感悟：

在爱情面前，大多数女人很容易就迷失了方向，全身心地付出自己，其实这样是不对的。在没有结婚之前，女人一定要有所保留，这样是保护自己也是对自己负责。

一转身，一辈子

四年后我回到这座小城，居然有点近乡情怯的感觉。当初是逃着出去的，为了一个男生；现在是逃着回来的，为了一个男人。

在小城大学的阶梯教室，遇见了一平。他来自北方，学成后必须也一定会回去。我是个现实的女孩，没谈恋爱时就未考虑会放弃小城优裕的条件，仅仅为了成全爱情。

爱情是个缥缈的东西，我深知没有面包光有玫瑰的日子自己是无法忍受的，尽管我相信凭自己的双手不会饿死。高中开"卧谈会"的时候曾设想过一个很纯真也很复杂的问题：一边是自己深爱的人，一边是一个有钱人，两者你会选择哪个？记得那时，我是极力选择前者的，还愤愤不平蔑视那几

个选择后者的室友。没有爱情，充满铜臭味的生活在年少的时候是无法想象的。

现在我明白了，那时只不过是关在教室里读书，对钱没什么概念。此时回想不禁嗤之以鼻。"金钱不是万能的，但没钱也是万万不能的。"这句话越发觉得它是真理了。有钱有什么不好？爱情是可以培养的。

似乎应该回到爱情了，但此刻不想打扰往事。

回到小城是六月，在家整整待了一个月，基本上是足不出户。他们放纵着我，我也懒得管自己。每天做着重复的事，挂在网上，穿梭于许多个BBS和文学网站。有时也会有编辑相中我的文章，然后寄给我稿费，生活倒也不愁。

步入七月，江南的梅雨时节又如期而至。大学毕业，他离开那天，也是这样的雨季。细雨断断续续，很是缠绵悱恻。我没去车站送他。两个固执的人，谈恋爱没有好下场的。即使谈的时候也很辛苦。当年看着我们的爱情成长，好友对我说，从没看过谈恋爱这么辛苦，分手也好。

往事开始复苏，在这个梅雨时节。我得出去走走。不知杏花村口，是否有一个怀抱在为我张开着。其实我真的很累了，再坚强的女人到了一定年龄都渴望有个肩膀可以依靠。虽然目前我的脸还散发着青春的光彩。

没有打伞，光脚穿着凉鞋，情不自禁走到了母校。校园里不热闹，有人在依依昔别。有感动，不再有泪水，也许自己真的麻木了。经历不一定要写在脸上，也可以刻在心里。告别有什么不好，至少预示着一个崭新的开始。有时候的告别连开始也没有才叫绝望。

多年后又一次来到阶梯教室。第三排最左的两个位置，空着，依旧是以前的样子。我想那里除了留下过我和一平的初恋，肯定也有别人的。大学里不谈恋爱，总觉得生活缺点什么。路过那棵老树，居然还找到了我和一平的名字。那个情人节的晚上，一平刻上去的。我清楚的记得为了刻上这几个今

追求真爱情，滋润心灵

天看来只会勾起伤口的字，一平的手指还破了。

不逃避自己，清醒的时候，我可以对自己说，两年前的逃离是为了一平。小城有太多关于和他的记忆。一平毫无余地一心离开没有给我喘息的机会。抱着短暂离开疗伤的念头，我去了那座南方小城。男人在爱情和事业之间永远只会选择后者，一平也不例外。至此我不会轻易相信爱情了。

在南方的小城，我租了间房子，过着寂寞而无聊的日子。不想理人，也没人来理我。小城很美，心情平静了许多。打算多留一段时间，于是我在一家公司找了份工作，远离着爱情。

如果不是那个叫枫的男人出现在我生命中，也许今天我还不会回来。枫对我这个异乡女子很奇怪也很热情。一开始我也对他颇有好感。在我生日那天，他为我准备了蛋糕、玫瑰。身在异乡，面对如此细心的枫，我开始有所感动。枫是个优秀的男人，事业有成，外表英俊，为人也很友善。

过完生日的第二天，接到了一个奇怪又让我震惊的电话："罗小姐，请你自爱，不要破坏别人的家庭。"说完便断线了，身旁的同事诡秘地看着我。看来被捉弄的是我，没人告诉我枫是有家室的人。

那天下午，我递上了辞呈。回到小屋，收拾完衣物，就离开了那座还没来得及给我伤害的城市。那天是六月一日。街上是儿童的世界，充满着童趣，也十分热闹。我只是一个面无表情、行色匆匆的过路人。

我不知道如果没遇到一平和枫，我的生活会怎么样，也不曾期待往事的伤口何时能愈合，安静地等待命运的安排，只能如此了。

低着头走出校园，看到一个人停在我前面。顺着鞋子往上看，一平在对我微笑，一如初次相见时的笑脸。

"还喜欢在雨中散步？怎么会回来？"对我而言这很重要。

"回来走走，出差路过的。"他在找我四处张望的双眼。

"还好吗？"我从他的话语里听出了内疚。

其实当初是我不肯跟他回去过苦日子。

我们开始沉默。

我看到了他无名指上的戒指，心一阵刺痛。

"还没结婚？"他有点小心翼翼地问道。

"嗯！"我咬着嘴唇，眼泪已经在眼眶打转。

又是一阵沉默。

"送你回去吧，我过会儿得赶火车。"他说。

"不用了，你走吧，我也不送你了，你知道我不喜欢送站。"我说。

"一定要比我幸福。"我看到他眼中有泪花。

"你幸福了，我会很快乐。"我在想那年我为什么会失去他。

又一次擦肩而过。

雨还在下，我们朝着不同的方向走着……

心灵感悟：

　　生命中，总有些人有些事一转身就是一辈子。当时，我们没有好好珍惜，到后来才发现那些美好的东西再也回不来了。曾经最爱的人，如今也变成了匆匆过客，你也许会觉得惋惜，这样也会让你成长很多。女人，经历过失去，就不要再去追悔，你要做的是过好现在的生活，把握好现在。

第七章
婚姻幸福花，绽放心灵

婚姻可以让一个女人世俗，也可以让一个女人雅致。幸福的婚姻，让女人心情舒畅，芳香四溢；不幸的婚姻则让女人孤独心伤，凄风冷雨。但是，婚姻的幸福与否不在于哪个人的命好，哪个人的命不好。婚姻需要经营，女人学会把握婚姻，就等于抓住了幸福的红线。

女人更要学会筑造爱的巢穴

有这样一个故事：

一个女人结婚两年了，生活并不如意，她与丈夫经常发生矛盾。这样的日子简直快把她闷死了，很想离婚，但又拿不定主意，于是决定去女友那里咨询一下。女友是个很有学识、也很有见解的人。最为关键的是：女友非常幸福，即使她的家并不富有。

到女友家的时候，女友家正好有人来访，女人便在书房里翻着书。女友过来叫她的时候，她正好翻到一个心理测试题：

"春天的鲜花，夏天的溪水，秋天的月亮，冬天的太阳。"从中选一种自己最喜欢的，看看自己是否具有浪漫气质。女人便邀朋友也做一下。她还说："我选择了秋天的月亮，我觉得这简直有点诗意的忧郁，这是我最喜欢的境界了。"

女友笑了笑，说："我选冬天的太阳，你也知道，我家房子冬天会冷，有了冬天的太阳，我的家就温暖了。"

女人怔怔地看着女友，她终于明白了一个简单的道理，也明白了为什么女友拥有着让人羡慕的幸福。

一个聪明的妻子首先要懂得如何将家变成一个充满温馨、安全和舒适的爱的小巢，时时想着家，刻刻为家人着想，才能让家成为一个爱的港湾，同时也让自己成为一个幸福的女人。

有一对夫妻，年轻时家里很穷。家中除了一些必需的简单生活用品之外，唯一的奢侈品可能就是那台14英寸的黑白电视机了。

虽然清贫，但他们彼此宽容、互敬互爱，日子倒也过得闲适，丈夫爱看球赛，妻子爱看电视剧。妻子看电视时，丈夫若无其事地在一旁看书；丈夫看球赛的时候，妻子在一旁专注地织毛衣。

那一年世界杯的时候，家里的电视机忽然坏了。里面的图像影影绰绰，时隐时现，声音也沙沙的。平时温文谦和的丈夫心急如焚，拼命地对着电视机拍拍打打；文静的妻子也放下毛衣，着急地把天线拨来拨去，可是全无效果。

"好了！"随着妻子惊喜的叫声，电视图像又清晰了，声音也好了起来。"还是你行！"丈夫又坐了下来，妻子也准备做点家务。可刚一离开，图像又恢复原样了。回到原地方，图像又清晰了。"这回可真是好了！"图像稳定一段时间后，丈夫兴高采烈地接着看下去，全身心投入的他没有注意到妻子一直站在那儿。

比赛结束了，丈夫满意地抬起身，抬头正要招呼妻子，却发现妻子站在电视机旁手扶天线，正在打瞌睡。丈夫叫醒妻子，妻子手一松，天线落下。"沙沙……"电视机的屏幕又模糊了，图像又开始影影绰绰……

后来，他们把家迁到了市区，丈夫特意买了一台背投的大电视。只是那台清贫时期的黑白电视机，他们一直珍藏着，舍不得扔掉，因为，那台电视机凝结着他们的爱，以及相互扶持、珍惜的情感。

心灵感悟：

什么是幸福美满的家庭？温馨和睦，能让夫妻双方充满快乐，这就是幸福美满的家庭。家庭中如果没有幸福可言，那么，男人会焦躁，女人会忧虑，渐渐地双方的心也就越来越远，家庭中将被争吵乃至暴力充斥。聪明的女人会创造一个温馨的环境，将家庭里的一切予以包容。让家庭变得美满，让家庭充满吸引力。

女人推开幸福的大门

有这样一个故事：

有个女人特别喜欢骑马，她渴望有自己的马，觉得用脚走路很麻烦，也没有情调。

有人对她说，想要得到马，就必须用你的双脚来交换，女人听了，毫不犹豫地答应了。于是，女人用双脚换来了一匹马。

骑马的感觉真是太好了，马的奔驰给她一种飞翔的感觉。可是她渐渐发现，人不能总骑在马背上，当她下来时才知道，今后的生活是多么艰难。

没有马只是一点小小的遗憾，没有脚却是终身的苦难。

从这个寓言中，女人应该反思：生活中，有多少人砍断了家庭的双脚——爱情，而去追寻梦中的白马？

假如忽然有人离开这个世界，这世间最悲痛的人一定是她的家眷。她所工作过的地方会有人代替她，她的朋友也还会找另外的朋友，只有对于她的亲人来讲，她才是不可替代的。

仔细想想，很多女人对家庭生活的投入往往超过了对爱情的投入，甚至对亲朋好友的关爱，也远远超过了对爱情的关注。她们认为，家庭经营好了，爱情自然就在。然而，生活真的是这样吗？

生活中，有的妻子很擅长装饰屋子，她的家很精致：柔软温和的色调，精致的装饰器具，精巧雅致的设计风格，纤尘不染的房间。可是她丈夫却是一个不太拘小节的男人，在这个唯美的空间里，她的丈夫总觉得不知所措。

丈夫在自己家里觉得浑身不自在，所以他经常借故在外面逗留。这无意间就疏离了他的妻子。妻子开始抱怨这种生活状况，陷入长久的苦恼之中，最后两个人的关系闹得很僵持，不得不分手。

女人不仅仅要经营家庭环境，还要记得呵护爱情。有了家庭，并不是说爱情就进了保险箱，如果不懂得维护感情生活，家庭生活也将不再温暖。

　　一个女人结婚后，总是感觉不如意，抱怨家庭生活单调乏味。每天烦琐的家务事让她焦头烂额，只有摆弄花的时候，她才能找到一点久违的快乐。

　　一天，这位女人向她的女友倾诉了心中的空虚和寂寞。女友望着她养的花问："这些花开得如此鲜艳，如此茂盛，你是怎么照料的？"

　　这位女人说："我除了按时浇水施肥，每年还给它们剪枝、松土、换盆。天气好时，搬到屋外面，让它们吸收阳光；碰上刮风、暴雨，我又把它们搬进屋里……"

　　女友打断了她的话又问："那么，你为你的爱情都做了些什么呢？"

　　女人顿时语塞，女友的话使她颇感震惊。

　　从那以后，聪慧的女人开始像养护花草那样滋养自己的爱情。她买了一大摞丈夫喜欢阅读的杂志，还改变了自己，经常找时间与丈夫沟通，而且做家务时也不再怨气横生。

　　丈夫也好像变了样，一有空就帮她洗衣服、刷碗、打扫屋子，周末还常常陪她出去散步、游泳、打网球等。

　　慢慢地，这位女人和丈夫一起，开始有滋有味地享受甜蜜的爱情以及家庭的温馨了。

　　❤心灵感悟：

　　　　对于一个女人来说，什么样的力量能够帮助你去打开幸福的大门？毫无疑问，是爱情。女人可以把爱情浇注在家的根丫上，让幸福的家庭快速成长。

奉献让婚姻不老

一个女人到"家庭问题咨询中心"向心理医生抱怨自己的婚姻不幸。她认为丈夫根本不爱她，"我把自己嫁给了他，他却一点都不在乎我，我是多么不幸啊！"

听了女人的抱怨，心理医生给她讲了这样一个寓言故事：

猪向奶牛抱怨："你们做牛的，只不过奉献一点副产品，人们便偏爱有加，而我们做猪的，把肉给人类做火腿肉，甚至把肠子都奉献出来，人们还是不喜欢我们。"

奶牛回答说："大概是因为我们活着的时候，就不断奉献的缘故吧。"

家庭能够幸福，并不仅仅是因为有了爱情，它还需要夫妻双方对家的奉献。相互的奉献，才能让家庭充满温馨。没有不付出就能得到的回报，也没有不需要奉献就能得到的幸福。善于给予的女人是聪明的，因为她懂得，为家、为爱人、为亲人的奉献，总能得到超值的回报。

爱的秘诀在于奉献，我们只要为生命中值得我们去爱的人生活就足够了，而不去想是否能得到回报。唯有爱才是人最丰厚和最庄严的奉献，是我们承受苦难和坚强活下来的信心和动力源泉。

门德尔松是德国知名作曲家，他的作品被世人广为传颂。然而他的成功是与他祖父的辛勤培育分不开的。他的祖父有一段美丽的爱情故事，更是鲜为所知。

他的祖父是一位外貌极其平凡，五短身材的驼背人，但就是这样一个有缺陷的人却用爱赢得了幸福家园。

一天，门德尔松的祖父到汉堡去拜访一个商人，这个商人有个心爱的女儿弗西。她长得如花似月，有着天使般的脸孔，他一看到便爱上了她，却因自己外貌的畸形而遭到拒绝。但门德尔松的祖父不甘心就此离去，他鼓起了所有的勇气，上楼到弗西的房间，可让他十分沮丧的是，弗西始终拒绝正眼看他。

经过多次尝试性的沟通，他害羞地说："我听说，每个男孩出生之前，上帝便会告诉他，将来要娶的是哪一个女孩。你相信姻缘天注定吗？"

她眼睛盯着地板答了一句："相信，但天注定也不会是你这样的驼背！"然后她得意地反问他："你相信吗？"

门德尔松的祖父回答："我出生的时候，上帝就告诉我了，你未来的新娘已经许配好了，她是个驼子。"

弗西听完忍不住大笑起来，"真有意思，一对驼背。"

可是门德尔松的祖父却不顾她的嘲弄，真诚地说："我当时向上帝恳求：仁慈的上帝啊！让一个女人驼背是多么悲惨。求你把驼背赐给我，我愿意背负她的不幸，把天使一样的美貌留给我的新娘吧！"

弗西听完这些话后，沉默了。她看着他的眼睛，看见里面有一种至深至爱的东西，那不是她常见的纨绔子弟的浅薄的赞美。她内心深处被感动了：与一个甘心情愿为我承担不幸，而让上帝将美貌给予我的人结合，婚后一定能幸福。于是，她把手伸向了他，成了他最挚爱的妻子。

心灵感悟：

　　婚姻的不老药是爱情，那么爱情是什么？爱一个人，不分季节，没有年轮，只有在人生路上付出最真诚的守候。真正的爱是选择对方的不幸而给予对方相应的幸福。

善待爱情的女人才会幸福

一个即将出嫁的女孩，问母亲一个问题："妈妈，婚后我该怎样把握爱情呢？"

母亲听了女儿的问话，温情地笑了笑，然后从地上捧起一捧沙。

女孩发现那捧沙在母亲的手里，圆圆满满，没有一点流失，没有一点撒落。

接着母亲用力将双手握紧，沙子立刻从母亲的指缝间泻落下来。待母亲再把手张开时，原来那捧沙子已所剩无几，其团团圆圆的形状也早已被压得扁扁的，毫无美感可言。

女孩望着母亲手中的沙子，领悟地点点头。那位母亲是要告诉她的女儿：爱情无需刻意去把握，越是想抓牢爱情，反而越容易失去自我，失去原则，失去彼此之间应该保持的宽容和谅解，爱情也会因此而变成毫无美感的形式。

其实，生活中女人要学会艺术地处理两人之间的关系。只有善待爱情、珍惜爱情，女人才会拥有真正的幸福。

有一对家境很普通的夫妇，妻子有一位非常富裕的朋友。一天，那位朋友邀请她和她的丈夫参加一个晚宴，她很高兴地接受了邀请。

当她为赴宴做准备时，才发觉自己连一件体面的衣服也没有。她当然不想错过这个接近上流社会的机会，于是马上到一家名牌服装专卖店，买了件非常漂亮的晚礼服。这件衣服，花了丈夫几个月的薪水。

晚宴当夜，她与丈夫驾着一辆"老爷车"，来到她朋友的豪宅外面。这时，她觉得自己的小汽车很丢脸，于是叫丈夫把车子停放到很远的地方，然后再走路进去赴宴。

她丈夫没说什么，把车子开到了一个阴暗处，然后对她说："亲爱的，我想还是你独自去吧，我在车里等你好了。你今晚穿得这么漂亮动人，而我只有这身旧西装。我怕会惹起别人的笑话。祝你玩得开心点！"

　　妻子看着丈夫，觉得他确实穿得很寒酸，只好下车，提起裙子往前走。可是，走了没几步，她忽然转过身来，匆匆跑回车子，对丈夫说："我也不想去了。"

　　丈夫很疑惑，没等他开口问，妻子平静地说："实在对不起。我一心想接近上流社会，却忘了自己拥有一位这样体贴自己的丈夫，忘了自己拥有一个幸福的家。你一直对这些很平淡，对我也很宽容，而我却不曾珍惜我们的爱情。请你原谅我吧！我不参加这个宴会，我们一起到外面兜兜风，然后就回家。"

　　这位丈夫被妻子的话深深感动了，眼里涌出了泪花。夫妻两人心中都充满了幸福感，从此以后，他们的生活也更加甜蜜、温馨了。

♥心灵感悟：

　　　　每个人的生活都需要一定的空间，对于爱的人，我们应该适度去给他一些空间，让他做自己的事情，不能一直绑着他，这样你的婚姻里才能有新鲜的空气。生活中，还有些女人因为工作忙碌或是交际应酬多，从而忽视了自己的丈夫、家庭，这样会让夫妻感情变得冷淡。女人要想经营一段好的婚姻，就应该善待自己和丈夫的感情，学会珍惜生活中的点点滴滴，并且给对方自由的空间。

做一个善解人意的女人

一位先生讲述他的经历：

我很爱我的妻子，若在工作中遇到一些痛苦或快乐的事，就想向她

倾诉一番，让她也分享我的快乐和痛苦，可是我妻子的举动使我伤心透了。

有一次，我的一份企业策划书为公司增加了不少利润，老板赞扬了我，并给了我1000元的奖金。回到家里我兴奋地说："亲爱的，我今天真是太高兴了……"妻子听了以后只是随意地"哦"了一声，随后便漫不经心地说："亲爱的，准备吃饭吧。哦，我告诉过你水龙头漏水，你有没有打电话给修理工？他们何时来修理？"

还有几次我被公司的一些难处理的事弄得焦头烂额，回家想听听妻子的建议。可她总是令人很扫兴。我实在忍受不了她对我的不理解，我感到回到家里是件痛苦的事。后来我们分手了。

作为妻子，要懂得去分担丈夫的烦恼，这是相互沟通的基础。

汉斯·V·卡天柏夫人，她的丈夫是美国新闻广播协会的会长，她是善解人意的专家，从她耐心地帮助丈夫的事情中可以看出来。

一次，汉斯参加晚宴时说话跑了题，使得在座的一位将军一直被冷落着，插不上话。卡天柏夫人等待一个适当的时机说道："汉斯，为什么你不谈谈有关某某将军的事情呢？"这使得某某将军感到脸上有光，从而把不太愉快的话题移开了。

卡天柏夫人还懂得，如何使她那受欢迎的丈夫不至于过分地劳累。在她先生讲演结束以后，许多人都想和他握手，并且老是要和他站在那儿谈上半天，而他自己又不好拒绝别人的盛情。卡天柏夫人会在适当的时机把新话题告诉他，比如：他们的车子正在外头等着，或是他们要赶一个约会了。

汉斯从夫人及时的插话中感受到她既关心自己让自己能下台，又没扫众人的兴，实在是一位善解人意的好妻子。

心灵感悟：

　　女人如果不善解人意，不懂得和丈夫分担快乐和烦恼，时间一长，丈夫自然就会感到压抑，和妻子的交流沟通越来越少，最后变成冷漠，婚姻也会因此变成一潭死水。善解人意的妻子不仅能够给丈夫最大的宽心和安慰，而且自己也会拥有无比的幸福与成功。善解人意的女人最令男人动心，男人能找到善解人意的女人可谓一生幸福。

做丈夫的好助手

　　李巍与刘永好的相爱并没有被朋友和家人看好。在他们看来，刘永好出生在小县城，只是德阳一所工业中专的毕业生，和李巍根本不般配。但那时，爱已使李巍不再有丝毫犹豫。相识半年后，他们把各自的被子抱在一起就结婚了。家里最奢侈的东西就是李巍当姑娘时，攒了几个月工资买的那块英纳格女表。结婚那天，他们请不起客，就称了六七斤水果糖，挨家挨户发了。

　　那年李巍跟着刘永好回四川新津老家过年。刘永好的三个哥哥和嫂嫂、侄子们都回来了，吃完年饭，兄弟几个偶然议论起来，现在的鹌鹑蛋真卖得起价钱，那么小，居然比鸡蛋还贵，而且供不应求，许多农民因此走上致富之路。

　　"我们也养鹌鹑！"不知谁说了一句，立即引起四兄弟的响应。说干就干。李巍与刘永好不仅在新津老家养，还在他们的阳台上，也搭了饲养棚养了300多只鹌鹑。每天课间休息时，李巍都要赶回家去，给鹌鹑清理粪便。

　　当时邻居们都议论纷纷：一个教师、一个医生，夫妇俩日子也过得去，

咋像个农民似的，为了一点蝇头小利在单元楼上养鹌鹑，真是有辱斯文。

鹌鹑蛋越下越多了，销路成了问题。刘永好就跟着三哥刘永行跑市场，沿街叫卖。不巧碰上他教的一些学生，当时还不像现在这样，一个教师沿街吆喝卖鹌鹑蛋，在学生眼里绝对是尴尬和耻辱的事情。刘永好窘迫地把头埋得低低的。晚上回到家里也无精打采。

于是李巍鼓励他说：永好，抬起头来！甭管别人怎么看、怎么想，经商并不下贱。在西方社会，衡量一个男人成功的标准，还要看你能挣多少钱呢……放心去卖吧，我们会为你战胜自我而自豪。

刘永好抬起了头，目光里有感激和感动。其实男人也很脆弱。那时他需要的就是一点理解和信任，李巍的支持对他来说格外重要。

不久，刘永好干脆辞去教师的工作，在成都青石桥开了一个鹌鹑蛋批发门市部，每天清晨5点钟就起床，骑着摩托车过去守着销售，到了晚上才能回来，一天两头黑。刘家兄弟的鹌鹑蛋生意越做越大，青石桥门市也搬到城里最大一家集贸市场——东风市场，他们兄弟的目光已投向广袤的巴山蜀水间。从1982年春节的1000元起家，到了1988年，仅过了6年时间，他们四兄弟已挣了1000万元。"

刘永好四兄弟从此走上了中国亿万富翁之路。

当初刘永好下海时，面临着很多问题，一个老师辞了公职，去卖鹌鹑蛋，人们都说他疯了。如果他的爱人没有豁达的心态，一味地埋怨他：如果没有他爱人的支持和鼓励，使他能够坦然面对挫折和逆境，那他可能就顶不住当时的压力，他可能就会走回头路，返回学校去当老师，而中国就少了一个亿万富翁。

后来，当希望饲料集团效益甚好，家喻户晓后，刘永好想走多种经营之路，制作药品。李巍及时提出了自己的看法，帮丈夫扭转了看法，制定了适合公司发展的策略。

当时，在丈夫准备与药厂签合同时，李巍说："没有必要做高利润的产品，利润大对于不懂行的我们来说意味着风险越大。医药行业极易假冒，在目前药物实验和审批体制不健全的情况下，万一哪个环节出漏洞，就砸了咱们辛苦经营多年的希望集团的牌子。形象就是信誉，咱们情愿不挣那个钱。"最后，丈夫被她合情合理的话所打动，放弃了与药厂合作。

李巍不仅在事业上帮丈夫出谋划策，在生活上也无微不至地关心。刘永好在成都工作期间，每天都要回家吃饭。李巍再忙也要亲自下厨为丈夫做可口的饭菜。她还经常陪丈夫到娱乐场所，在优美的乐曲中让紧张一天的身心得到放松和休息。

心灵感悟：

幸福的人生需要爱，幸福的婚姻需要经营，妻子真诚的赞美和激励，是激发丈夫发挥最大潜能的有效方法之一。在他成功的时候，在他失意的时候，在他迷惘的时候，妻子都应该学着鼓励和赞美自己的丈夫。

婚姻更美满的钥匙

日本演艺界有一位知名人物林家三平，他的夫人香叶子十分贤惠。也许正是因为夫人太过贤惠的缘故，三平喜欢寻花问柳的习惯始终难以改掉。每一次风流韵事被发现，三平总会向香叶子发誓说："我下次再也不敢了。"然而，没过多久，下一次的外遇又悄悄地开始了。

当又一次东窗事发后，夫妻照例又是大吵一架，香叶子终于下定决心，她坚决地说："这一次我真的忍无可忍，我决定离开这个家。"此时，三平

的母亲居然也附和着说："如果香叶子走了，我也不会留下，我绝不让她一个人离开。"

事实上，媳妇怎么可能带着婆婆离家出走呢！但夫人和母亲坚决的态度，让三平不得不真正地做出让步，认真地反省自己的行为。最终香叶子也放弃了离家的念头。三平受此教训之后，也终于改掉了他的好色习性，对自己的夫人反而更加尊重和疼爱。

在这一件事中，香叶子能得到婆婆如此地爱护，也着实了不起。

香叶子之所以受到婆婆的疼爱，是因为她平日不管在人前人后，都能以如同对待自己亲人般的心情，对待丈夫及其亲人。

心灵感悟：

懂得奉献是婚姻幸福美满的钥匙。一个女人只要真心爱一个男人，就会懂得去珍惜他身边的人，这样的女人是男人梦寐以求的女人。女人有的时候，要有一个宽广的胸怀，不仅爱自己的丈夫，也要对丈夫身边的人好。

浪漫是婚姻的糖

天桥上，一个女人背着男人，费劲地往前走着，一边走着还一边数着数。

路人的侧目并没有影响到他们的心情，他们似乎并没有痛苦，两个人的脸上都有着灿烂的微笑。

有好心人过来问："需要帮忙吗？"

女人笑了笑，说："不需要，我们只是在做一个游戏。"

接着，男人又将女人背上，他们在天桥上走了一个来回，然后拉着手离开。众人目送他们的身影，有羡慕也有不解。

这个游戏也许只有他们最懂。他们是农村来城市打工的，微薄的薪水大多数都寄回了家，但是，他们也有浪漫的心情。那一年男人的生日，女人搜遍了口袋，也没找到几个钱，而且离发薪水还有一段时间，于是就想到了这个主意：背丈夫在天桥上走一圈。男人当然不忍，结果男人也要背女人一个来回。

接下来的每一年，他们都要玩这样的"游戏"，这是两个人浪漫的秘密。

浪漫不一定是玫瑰，不一定是花前月下。一个温柔的眼神，一次简单的牵手，一声轻松随意的赞美……都可以成为浪漫，成为一种生活的情趣。女人的浪漫，不一定是赤裸裸地说"我爱你！"女人的浪漫，不着痕迹，却让人意外与惊奇。

一个女人结婚两年多了，她没感觉到幸福。虽然丈夫依然对她很好，虽然她也有着不错的收入，但她总感觉生活中缺少了什么。

她经常会想起那段恋爱的时光，那时候，丈夫会在某一刻忽然出现在她面前，手捧着玫瑰；丈夫会约她去咖啡厅、酒吧，有时候还会去看电影。她觉得自己是最幸福的女人，找了这样一个懂得浪漫的丈夫她很满足，也很欣慰。

结婚后，丈夫再没给她买过玫瑰，每天下班的时候都是手里提着菜，还有一些必要的生活用品。他们再没去过电影院或咖啡厅，甚至餐馆都很少去，即便偶尔去一次，也是去大众菜馆，丈夫的眼睛也是盯着菜，而不是她。

她感觉很失落，于是，她在自己的生活中回忆浪漫，经常找些诗歌来读，而这些并没有让她快乐起来，相反，她越发觉得自己很不幸福。她甚至有了这样一个念头：原来婚姻真的是爱情的坟墓。

想到这儿的时候，她自己都被这样的想法吓了一跳。曾经自己不是非常爱他吗？不是非常希望与他生活在一起的吗？

偶然间，这个女人在书中读到了这样一句话："草地上开满了鲜花，可牛群来到这里所发现的只是饲料。"她一下子醒悟过来：原来情感的粗糙和浅薄，缺乏浪漫，才会使婚姻生活变得毫无情趣，缺乏色彩。

此后的她不再抱怨，而是自己营造起浪漫。

那天，她去超市买了很多东西，还到花店买了鲜花。回来后，她把鲜花插到花瓶里，又做了一顿丰盛的晚餐，点上蜡烛，等着丈夫回来。

丈夫一进屋，就被眼前的景象惊呆了，只见屋里放着很多气球，摇曳的烛光，还有精心修饰过的女人，丈夫深情地抱着她，她感觉到了久违的幸福。

后来，女人不时地营造各种浪漫，有时候买点小饰物装饰卧室，有时候买回几条小鱼等等，他们似乎又重新回到了恋爱时节。受她的感染，丈夫也会偶尔制造一次浪漫大餐，还会买花回来，甚至还买过几次音乐会的票。

他们只是用了不多的钱，却找回了从前的感觉，这让他们喜不自胜。

心灵感悟：

婚姻需要适时的浪漫去保鲜爱情，如果女人不注意生活的细节，那么两个人的感情会逐渐被变得冷淡，到最后导致婚姻破裂。浪漫是一种纯真的心态，也是一种生活的热忱。只有当你真诚地付出爱时，它才会翩然而至，这样的浪漫甘若晨露，滋润夫妻双方的心灵。

爱要勇敢说出来

有一对结婚近60年的夫妇，每次家里吃鱼时，妻子总是把鱼头夹给丈夫，因为那是她最喜欢吃的地方。但是，丈夫却并不这样认为，因为丈夫最喜欢吃鱼尾，而每次妻子总是把那块"最好的地方"夹在自己碗里。

有一天，丈夫终于忍无可忍，厉声吼道："快60年了，为什么每次吃鱼的时候，鱼头都要给我，你自己怎么不吃？"

妻子吃惊地看着平日温和的丈夫，她惊呆了，好久之后才小声说道："我以为那块是最好的，我一直喜欢吃鱼头的，于是就给了你。"

丈夫听完这句话眼泪已经流满了脸庞。快60年了，妻子一直把自己认为最好的留给丈夫，却从来不说出来，以至于两个人误会了对方将近60年。

如果爱对方，为什么不用甜言蜜语说出来呢？如果故事中的妻子说一次："我最喜欢吃鱼头了，但是，我爱你，所以我留给你吃。"这样的话，会有那么多年的误解吗？

英国物理学家居里夫人过生日时，丈夫彼埃尔用一年的积蓄买了一件名贵的大衣，作为生日礼物送给爱妻。当她看到丈夫手中的大衣时，爱怨交集，她既要感激丈夫对自己的爱，又要婉言说明不该买那么贵重的礼物，因为那时试验正缺钱。于是她对丈夫说："亲爱的，谢谢你，这件大衣确实谁见了都是喜欢的，但是我要说，幸福是内涵的，比如说，你送我一束鲜花祝贺生日，对我们来说就好得多。只要我们永远在一起生活、奋斗，这比你送我任何贵重物品都要珍贵。"

如此深情的一席话，使得彼埃尔感受到了爱的温馨。

心灵感悟：

　　当爱情归于平淡，婚姻走向平静的时候，其实双方还在爱着对方，只是这种爱不再那么频繁地说出口，所以两个人会误以为对方不爱自己了。其实，无论结婚多久，都需要常常表达一下爱意，这样才会给婚姻加点温暖，让爱变得温馨。

站在成功男人背后的女人

　　李静民是著名相声演员姜昆的夫人。如今，提起这个名字可能我们都很陌生。但是，她在结婚之前，比姜昆名气大得多。经常被邀请到全国各地演出，而且颇受欢迎。

　　李静民与姜昆结婚后不久，他们可爱的女儿就诞生了，随着女儿的到来，李静民的演艺生涯也宣告了结束。为了照顾孩子，也为了让姜昆发展事业，她完成了一个演员到家庭型母亲的转变。

　　1979年，李静民休完产假回单位上班。由于双方父母都很忙，无法帮他们照看孩子，夫妇俩只得把女儿送进托儿所。每天下了班，李静民或姜昆总是谁有空谁去接女儿，然后买菜做饭，做永远都做不完的家务活。

　　两个人的工作大都比较忙，回家还要做家务，夫妻俩常常累得筋疲力尽。为了照看女儿，李静民尽量不到北京以外的地方演出，姜昆在外面演出也是心有挂牵。而孩子更是在父母的繁忙中受尽了"委屈"。

　　有一次，姜昆从外地演出回来，匆匆赶到托儿所接女儿时，其他孩子都已经被接走了，只有女儿孤零零地躺在床上，满脸泪痕和委屈。姜昆把孩子带回家后，李静民看到孩子的那一刻，伤心地流下了眼泪。那一刻，李静民决定辞职。她狠心告别了舞台，成了家庭主妇。

没有了家庭杂务的羁绊，姜昆全身心地投入工作，从此创作、表演了不少脍炙人口的相声段子，名气越来越大，到20世纪80年代中期终于成了家喻户晓的著名相声演员。而李静民只是做了幕后的支持者。她为丈夫的成就感到由衷的高兴。姜昆也非常感激妻子，他知道，自己的成功，包含着妻子太多的付出。

此后，姜昆的应酬和演出越来越多。有一次，李静民陪姜昆去参加一个朋友的聚会，无意中听见几个女人小声议论："姜昆的爱人怎么那么土？她怎么配得上姜昆呢？"听到这话，李静民的心被深深地刺伤了，她甚至疑惑自己的选择是否正确。姜昆则深情地说："静民，你为我、为家庭和孩子付出太多了，我深深地感谢你。不管别人说什么，在我心里你永远美丽动人，我会一辈子珍惜你。"丈夫的慰藉，使她失落的心得到了一点安慰。

人们都说，成功的男人背后一定有一个好女人。而李静民正是这样的好女人。姜昆曾说："妻子就像家里的'空调'。如果没有她，这个家将失去平衡。"当时的李静民听了挺自豪的。可是，女人在充当"空调"角色之后，也失落了外面的世界。

眼看着姜昆越来越有名气，孩子也大了。李静民的心中忽然有了一种失落感，那是一种即将不被他人所需要的悲哀。而且，当时姜昆的演出很频繁，应酬也非常多，他也希望有人倾听并理解他的难处。可是，长期在家的妻子已经与外面脱节了。她对外面的世界并不十分清楚，一回到家中，姜昆只能听到妻子对一些鸡毛蒜皮的小事儿的唠叨。事实也证明，两个人的差距的确越来越大了。

姜昆开始半开玩笑地对妻子说："你真是个糊涂人，你没看见咱孩子如何如何吗？她都快成小明星了。"女儿有时也怨妈妈糊涂，太保守，跟不上形势。李静民成了姜昆和女儿眼里的另类。

有一次，两个人因为一点小事闹矛盾，姜昆不耐烦地说："你就没别的

了？除了孩子就是家，成了家庭妇女了！"这一句话，让李静民打了个寒战！她震惊了！是呀，为了这个家，为了姜昆，为了孩子，她牺牲了事业上的机会，可是，自己真的是与社会脱节了！我除了是姜昆的媳妇，女儿的妈妈，我还是我吗？通过这件事，李静民渐渐平静下来，她决心重新找回自我。

李静民选择到中国音乐学院进修声乐，1993年，她又想学日语，后来又参加了英语培训班，姜昆一直很支持她，李静民打下了很不错的外语基础。姜昆现在翻译外国幽默作品时，也要请出李静民来帮忙。

后来，李静民应聘到一家中外合资企业当办公室主任，而且干得很不错，取得了很好的成绩。就这样，她进步了，两个人的共同语言也多了起来，家庭也越来越幸福。现在，李静民还特别庆幸当时的选择。当她在事业上证实了自己价值的时候，当她觉得自己能跟姜昆平起平坐的时候，他们的家庭更加稳固了，姜昆更加离不开她了——当然，她也更加离不开姜昆了。

两个人共同的生活兴趣与目标，让这个家越来越幸福。但是，好不容易找到自我的李静民又一次面临两难的选择。

1995年，姜昆夫妇为15岁的女儿姜珊办好了去澳洲一所私立学校读书的手续。

有一天，李静民给女儿打电话，得知孩子病了，还在帮房东刷盘子，她心疼得直流泪。她对丈夫说："女儿年纪太小了，一个人在海外生活实在不适应，怎么办？"姜昆也不知所措，没有一点办法。那几天，他也在考虑女儿的问题，甚至因为注意力不集中，排练节目还忘了台词。李静民前思后想，为了让丈夫安心于事业，终于决定再度辞职，去澳洲照顾女儿。

到了澳洲后，李静民一心一意照顾女儿，让她生活得快乐幸福。此后，她又陪着女儿去美国上学，直到女儿考上大学后她才回国，重新到一家网络公司上班，享受工作的乐趣。

姜昆对妻子充满了感激，"你真是一位深明大义的好女人。"这是他对妻子最好的赞扬。

心灵感悟：

走入婚姻的女人，通常会只顾着经营婚姻而忘了经营自己，这样是不对的。女人的魅力在于有自我主见，男人都喜欢有思想的女人，所以走入婚姻殿堂的女人，在用心经营"爱巢"的同时，别忘了保持自我的本真，与爱人一起成长。

忙碌的同时不要忘了关怀

她对他最初的感动，是缘于他等待的耐心。因为她那时下班晚，他总是到单位接她。有时会等到很晚，但他从来没有厌倦过。有一次，单位加班，比平时晚了将近两个小时，她急急地走出厂门时，以为他一定走了，不料他仍如往日一样在那里静静张望。那一刹那，成为她日后柔情涌动的回忆。爱情在那条回家的路上，慢慢地来了。就这样，他们在那条黑黑的路上，携手前行，一起走入了婚姻。

平静的日子让两个人都感觉非常幸福，日子充满了温馨。他的真诚让她相信，他们的爱是可以恒久的。她爱吃甜食，他就总是让家里的罐子放满糖，在她每次想吃的时候，总是能拿到自己最爱吃的糖。每次放进嘴里，她的心和嘴都充满了甜蜜。

后来她忙于职称等级考试，丢下几年的功课拣起来确实有些吃力，她真的有些焦头烂额，她忙于补课，做习题。除了工作，她几乎都埋首于学习之中。劳累的生活，让她只想更多一点时间休息。本来要跟他说话，转而又想：婚姻握在手心，是这样的平实与温暖，飞不走的。

这样的日子持续了一年多，终于拿到毕业证，她长出了一口气。再转头面对婚姻时，却渐渐地发现了他的冷淡。她开始不安地感觉到有一种美好正悄悄消逝。她的不安一天天地扩大，直到那天，他平静地说：离婚吧。

她不明白曾经是那样一份令她放心的爱情，给过她那样温暖的婚姻，怎会说走就走呢？

一个人愣着睡不着，想起他给她的糖果，拿出罐子一看，那些甜蜜的糖果早已化成了一堆，像是在无声地谴责她的遗忘。

她忽然潸然泪下。她所忽视的恰是她珍爱的，她的婚姻也正是在这忙碌的生活中，就像这些糖果一样，融化掉了原来的样子。

走过了浪漫的婚姻，女人似乎更"聪明"了一点，她们知道"有情饮水饱"只是个笑话。两个人之间，除了爱情之外，还有经济、住房等等束缚，于是，开始更多地为平凡的生活花费心思。然而，又有多少女人在其中遗失了婚姻！

一个女人是当下的女强人，在公司有很高的地位，也很有声望。她将好好工作、创造更多的财富视为爱，至于平常的家庭琐事则都交给了丈夫。但是，自从她参加演讲培训班以后，她的这种观念改变了许多。

老师发给她们一个印有"我爱你"的"奖章"，要求每个学员都要交给自己最爱的人，可以是爱人、孩子、父母，也可以是朋友。但是这个人一定是自己最爱的，而自己又很久没有对他表达过爱意的人，送给他人的时候，还要表达出自己的爱和感谢。

女人拿着这个精致的奖章，笑了一下，她觉得这有些可笑，难道爱一定要用这种简单的方式吗？但是，听完老师这样一段话后，她觉得要送给自己的丈夫。

老师说："我们可以为路上某人一个善意的帮助说声感谢；我们可以赞美一个路过的可爱的小孩子……但是，对于我们最爱的人，我们做过了什么？你是否注意过生活的一些细节，对你爱的人表示过感谢，是否将爱散发在你的周围？难道你要等到一切都结束的时候，遗憾终生吗？我们之所以做这样的勋章，就是要奖赏我们的爱人……"

老师说完这些话的时候，有很多人流出了泪水。女人想起了自己的丈夫，那个一直默默站在自己背后的男人，他一直支持她的事业，甚至放弃了晋升的机会；她回来晚的时候，丈夫做好宵夜等她；丈夫总是做好了早饭才叫醒她……而自己居然对他的关心视为平常。女人也流泪了，此刻，她真想现在就把那个"勋章"给丈夫。

回到家后，她第一次做了一顿丰盛的晚餐。丈夫回来后，明显地有些吃惊。吃过饭后，她第一次没有去玩电脑，而是与丈夫说了这样的话："我有今天的成就，都是因为有你。感谢你的支持，感谢你的爱。我知道，你是最好的丈夫。这些年，我一直坦然地接受你的爱，但总是不会表达自己，我希望你知道，你是我最爱的人，也是我最好的丈夫。以后，我一定要注意让爱萦绕在我们周围，如果有来生，我一定还要嫁给你，你是我一生最爱的人……"

丈夫听了之后，非常感动，他紧紧地拥住了妻子，他知道，她还是爱他的。他在想，明天一早，我就把办公桌里的离婚协议书烧掉。女人也在想，以后我再忙也要给爱留点时间，让家庭成为幸福的港湾。

心灵感悟：

生活中，女人无论工作多忙，都要学会留点时间给自己的爱情，不要以为结了婚就不需要爱情了，婚姻中的爱情是根本不能被忽视、被搁置的。有的时候，关怀爱人，不需要付出很多时间，一个小小的举动就行，关爱细微处，幸福永相伴。

不要忽视爱你的男人

他是个爱家的男人。他纵容她婚后依然全身心投入到工作之中，他纵容她周末约同事到家打通宵的麻将，他纵容她所有的坏习惯……他始终都扮演着一个好男人的角色。的确，他是个难得的好丈夫。

她对他信赖、依赖，心安理得地过着被宠爱的生活。她第一次怀疑他，是从一把钥匙开始。虽然她不是个一百分的好老婆，但总能从他的一举一动了解他的情绪，从一个眼神了解他的举动。

本来，他只有五把钥匙，家里的两扇门、办公室的两个门，以及车钥匙。不知从何时起他口袋里多了一把钥匙，她曾询问过他，但他支支吾吾闪烁不定的言词，令她更加怀疑这把钥匙的用途。这时候的她心中已经忽视了丈夫的爱，满心都是猜疑。

她开始有意无意地电话追踪，偶尔出现在他的办公室，但他却从来不指责她，只是依旧不让她懂他心里想什么，常常独自一个人在半夜醒来，坐在客厅里发呆……但是唯一没有变的是他对她的温柔和体贴，虽然她的心里只剩下怀疑，根本忽视了这种爱的存在。

在不断地追查下，她终于发现那把钥匙的用途，原来是用来开启银行保险箱的，于是她决定追查到底，在一次他睡觉的时候，她把钥匙偷偷拿出去配了一把。

当钥匙一点一点地伸进锁孔，她有些慌张又有点害怕。保险箱里放着一个珠宝盒，她深深地吸了一口气，缓缓地打开盒盖，然后，甜甜地笑了起来：那是他们两人第一次合影的相片，这个时候甜蜜是她脸上唯一的表情。

珠宝盒底下是一份遗嘱，她心想：才三十出头立什么遗嘱！虽然如此，她还是很在意那份遗嘱的内容。上面写着存款的百分之三十留给父母，存款的百分之二十给大哥，其余所有的财产都留给她。所有的疑虑烟消云散。

正当她收拾好一切准备回家，突然，一个纸袋从信封中掉了出来，里面是一张诊断书，在姓名栏处她看到了丈夫的名字，而诊断栏上写着"胃癌中期"。顷刻间，她泪水决堤一般流了出来。

她回家了，什么也没说，只是不再追问丈夫，而是细心地体会着丈夫的爱，并更多地关心着丈夫。这时，每到夜晚，她也会躺在床上发呆，为自己忽视丈夫的爱，为不知道丈夫是否能恢复健康。不过，她已经决定，无论如何好好地爱下去。

她是幸运的，毕竟她在一切尚可挽回的情况下，知道了事情的真相。而生活中，有些女人就不会这么幸运。忽视丈夫的爱，有时候就会失去婚姻，自己来品尝失败的恶果。

叶子多年前下海经商，而且做得非常成功，为了协助她的工作，丈夫在其经商的五年后，放弃了升职的机会，一心一意地照顾着孩子和家。丈夫最初不怎么会做家务，慢慢地却把家整理得有条有理。有客人去她家，常常为此夸奖她的丈夫。叶子说："他呀，闲着没事干。"

后来，叶子越来越成功，夫妻之间的距离也越拉越大。虽然丈夫的爱一直没有变，但在叶子眼里，一切已经变了样。丈夫每天做饭、洗衣服，她觉得丈夫像个女人；丈夫怕影响她休息，带着孩子出去玩，她觉得丈夫像个保姆。总之，那个为之奉献的丈夫已经一无是处。

一次，有位朋友来到他们的家。朋友说："看你们生活得多幸福，家庭和睦，什么也不缺，我还得继续奔波多少年才如你们一样呢？"

这时候，叶子的骄傲情绪又上来了，跟朋友说："这一切还不是我拼搏来的，你看他能做成什么，一副窝囊样。"丈夫看了她一眼，自己回到了卧室。

朋友走后，丈夫拿出离婚协议书给妻子，他什么都不要，除了孩子。

他们离婚了。叶子后来嫁给了一个有为的男人，但其家庭完全变了味道。朋友又去叶子家时，她正在吃泡面，她从沙发上整理出一堆脏衣服。腾出一块地方供朋友坐。她说："工作太忙，没时间收拾。"说完，把那碗方便面倒进嘴里，弯腰拾起脏衣服、整理散落在地上的东西。

朋友从叶子的眼睛里看到了她的痛苦。朋友问她："你幸福吗？"叶子停下手里的活，忽然哭了。是的，她找不到被人疼爱的幸福，更受不了男人的脾气。不久后，她又离婚了。

叶子追悔莫及。她想起以前丈夫的爱，想起家里的舒适，孩子的贴心，不知不觉泪水就流了下来。

心灵感悟：

生活中，有的女人常常会身在福中不知福，觉得自己的丈夫对自己做什么都是应该，从来不去回应或是回报，这样无疑已给婚姻布下了深深的陷阱。女人，用心去体会丈夫的爱，并且学着去回报，这样才会幸福。

细节决定婚姻的成败

《知心爱人》隽永动听的旋律、朗朗上口的歌词、奔放激越的深情，使听众感受到了家庭的温馨、爱情的美好。那优美的旋律不仅赢得了亿万歌迷的心，也是任静夫妻真实的生活写照。

任静出生在天津，长在北京。父亲在民族歌舞团任舞美设计，母亲在民委幼儿园工作。从小在歌舞团长大的任静爱唱爱跳，十分活泼。1984年，她考取铁路文工团，成为一名歌唱演员。

他们的相识有些偶然，1988年，任静去上海体育馆演出，在上海机场与前来参加上海电视台文艺晚会的傅笛声不期而遇。就是这一次偶然的相遇，让两个人不禁心中荡起千层涟漪。当即，他俩互留了地址电话。

后来，傅笛声所在的乐团临时改变了住所，他也住进了任静住的宾馆。而且，傅笛声就住在任静的斜对门。这使他们有了更多的相互交谈与了解的机会。傅笛声喜欢任静的内敛、文静，所以见到任静的第一感觉特别好。而任静也慢慢发觉对自己频示好感的傅笛声豪爽间含温和、粗犷里蕴细致、魁梧中藏内秀。就这样，两颗年轻的心靠得更近了。

没多久，他们又有了事业上的合作。制作人高大林分别找到任静和傅笛声，请他们共同演唱一首新歌。事业上的互补，情感上的渴求，使他们双双坠入爱河。1989年初，这对只谈了半年恋爱的有情人就"闪电"结婚了。

婚后不久，傅笛声打算出一张由他与任静两人共同演喝的歌曲专辑。当他把计划说给妻子听时，任静非常高兴，于是，两个人开始悄悄进行专辑主打歌曲的准备工作。期间，任静一边当丈夫的最佳"听众"，一边默默地承担所有家务，尽量不让丈夫为家里的琐事分心。

正是因为妻子细致入微的体贴照顾，傅笛声在创作歌曲时感到特别踏实，对爱情和生活都充满了自信。他把对妻子的全部感激之情，都写进了歌词里。

任静的幸福是大家都能看见的，但是，对于当事人来说，她同样为婚姻付出了非同寻常的努力，尤其在细节上，她更是下足了功夫。傅笛声是个爱面子的男人，任静就非常注意维护。她发脾气也不在外人面前发。因为在她看来，给自己的爱人留面子，其实就是给爱留"面子"。它会让一个女人变得更温柔体贴，也会让一个男人活得更潇洒阳刚，更会让一段婚姻多一分美满，少一些遗憾！

有一次，因为一件工作上的事情，他们吵得很厉害，谁也不肯让步。正在这时，门铃忽然响了，是傅笛声的一个朋友来串门。任静努力露出笑容，

然后把门打开，很热情地欢迎对方进来。之后，她又忙着端茶倒水，并且主动和丈夫说话，尽其所能地调谐气氛，这位朋友始终不知道他们刚刚争吵过。

送走了那位朋友，傅笛声感动地抱住任静说："谢谢你，老婆！"任静这个时候才把藏着的泪水流了出来。

任静最委屈的一次是在外地演出，两人因为一点小事又闹别扭了，还没吵完，音乐就响起来了，但是上台时绝不能以生气的面孔对待观众。

任静当时非常委屈，这次唱的还是《知心爱人》，边唱边想起了刚才吵架的情形，不知不觉就哭了。下面的观众非常感动，只有任静自己知道，这是她心里的委屈。但是在人前，她从来都是把委屈收藏起来，把面子给足爱人。

生活中，他们也会为一些小事发生争吵。因为，傅笛声与任静的结合是"闪电式"的，因为了解不够，婚后一年左右的时间，夫妻俩就开始为一些小事吵架。任静的撒手铜是掉眼泪。当年住筒子楼的时候，有两个女孩指着他们家对邻居说："这户人家的姑娘怎么这么能哭呀，早上出去她在哭，怎么晚上回来还在哭啊！"而那时候的傅笛声脾气也不好，她越爱哭，他越不哄。

后来，她知道丈夫最不喜欢女人哭，就改掉了这个毛病。她幸福地说："夫妻之间是要磨合的。这么多年过来了，我觉得'幸福走过的，是你搀扶的，'这句话很对。"任静想通了，她决定从一些细节方面改变自己。她一看见傅笛声皱眉头，就赶紧提醒他别着急；与丈夫有争执时，她也总是告诫自己要忍让。

妻子为自己所做的一切，令傅笛声非常感动。他不仅主动改掉了爱发脾气的毛病，还自曝自己的家事："结婚前，我一直告诉自己要当家做主，千万不能怕老婆。结果时间久了，我倒被她调教成'妻管炎'了。不过我现在也想通了，只要我们过得幸福就成！"

心灵感悟：

细节决定成败，没错，婚姻的成败也在细节。有些女人可以在细节上下功夫，让自己的家庭幸福；而有些女人却因为不注意生活的细节导致婚姻破裂。正所谓"成也细节，败也细节"，所以，女人为了婚姻的幸福，应该抓住生活中的小细节。

女人，丢掉偏执

"是该结束的时候了，不论付出什么代价我都要摆脱她，不然，总有一天我会被她折磨死。"从大江凝重的语调中，可以看出他要离婚的决心。

大江和妻子李燕是自由恋爱，那时两个人都在镇上上班，大江的单位是李燕上下班要经过的地方，她性格较内向，不爱与人打交道，可不知为什么，李燕竟对大江产生了好感，便时常到他单位去玩，并拐弯抹角地约他出去。其实大江对她的第一印象并不太好，因为李燕有些木讷，大江觉得她没有年轻女孩应有的活泼，和自己的性格有些相悖。

可在小镇上选择对象的范围实在太窄，因为李燕经常去找他，单位的同事都以为他们在谈恋爱。那年大江25岁，在小镇上这个年龄的男孩子大多已结婚生子。父母常在他耳边唠叨，也造成了他在选择时的盲目。

大江的父母知道李燕的心思后，便对她也格外上心。父母对李燕的印象还不错，说她老实，以后肯定会关心人、顾家，不像有的女人就爱吃穿打扮，以后结婚也会一心一意对你。况且李燕的单位还算不错，家里的条件也可以。

父母的接受和劝导对大江产生了一定的作用，谈了几个月后，两个人便结了婚，蜜月期刚过，李燕就调往另一乡镇工作。李燕其实挺舍不得家的，

说是对大江有点不放心，大江开玩笑地对她说："不要紧，两个乡镇隔得也不远，周末你就可以回来，小别胜新婚，只怕日子还甜蜜些。"

婚后相处几个月，大江发现李燕心胸非常狭窄，非常偏执，大江和女同志说句话她都不高兴。婚后分居的日子，她几乎每天打电话，询问大江在于什么，跟谁在一起，大江开始以为是李燕在乎她，心里还挺受用。可后来发现她好像不太信任自己，总认为他会背着她做些不道德的事，这让大江心里很不舒服。连他的同事们也看出来了，有时善意地和他开玩笑，说妻子把他看得真"紧"。

大江性格开朗，平常与同事关系处得不错，而李燕几乎没什么社会交往，也不喜欢与他人打交道。她自己生活封闭，要求他也一样。刚结婚那阵子，李燕看到大江跟女同事开玩笑，碍于情面，只是告诉他不许这样，不许那样。当时大江也没多想什么，然而现在矛盾却显现出来了。这样他多少有些不痛快。

一个周末，李燕从另一个乡镇回来，恰好几个女同事找大江商量放假旅游的事情，她一进家看到有客人，脸色立刻就阴了，连招呼都没打就进了屋。同事们看到李燕脸色不对，都讪讪地告辞了。大江有些不高兴，哪知大江还没责备她，李燕倒埋怨起他来，偏执地以为大江曾经与他们中间的某个人发生过什么，两个人闹得不可开交。

李燕后来还找到了大江的父母，诉说大江如何如何对不起她。在老人的压力下，大江不得不保证以后再不让女同事到家里，并向李燕道歉。大江以为这件事就算过去了，而且两人生活在一起久了，日久见人心，她明白自己是一个什么样的人，就不会这样犯疑心病了。可没想到她会变本加厉，愈演愈烈，她的偏执已经完全显现了出来。

因为两个人分居两地，聚少离多，李燕偏执地以为大江要移情别恋。她每天都要定时给大江打电话，一旦他接电话不及时，就会遭到李燕并没有反省自己的无理和固执，而是偏执地以为大江是因为理亏，因为另一个女人在场才打她。回到家后，李燕又给父母打电话，仿佛大江真的做了十恶不赦的事情。大江对她的做法彻底失望了，认为勉强维持这段婚姻已没有任何意义。他向李燕提出了离婚，她不同意。可大江的心已死了，他不想再和她继续生活下去。

知道大江的心已无法挽回，李燕小肚鸡肠、精于算计的本性也发挥到极致。他们结婚后，都是李燕管钱，家里的存款大江根本就不知道有多少。而且，李燕还提出，离婚可以，但必须一次性付给她30万的青春损失费。

大江非常吃惊，面对着这个曾经一起生活过的女人，他感到万分地陌生，这个偏执的女人究竟在想什么，他真的不懂。但是，她的这种做法更是让大江伤透了心，他离婚的想法更加坚定了。最后，大江请了律师，他们的婚还是离了。

离婚后的李燕像祥林嫂一样到处诉说着自己的不幸，然而，知道他们故事的人，无不找个借口离开。情绪极度波动的李燕，终是因为找不到自己的错误，而且偏执地以为全世界都对不起她，最终陷入了精神病的泥潭。

♥ 心灵感悟：

偏执的女人，常常以自我为中心，自己觉得对了就是对了，别人再说什么也不行。这样的女人常常会给人一种无形的压迫感，渐渐地就会没人来争取她的意见，同时也没人跟她争了。女人要丢掉偏执，学着去理解别人，这样别人才会来理解你。

第八章
修炼好人缘，经营心灵

　　人脉资源是一种潜在的无形资产，是一种潜在的财富。在我们身边，不乏这样的女性，她们看上去并不出众，但办起事来都能顺风顺水。这是因为她们了解人脉的重要性。丰富的人脉，是一个强大的能量场，能为女人带来更多的回报。

多一份真诚，多一份真情

有一家杂志社的社长刘女士，想要请一位颇有名气的作家，为她的杂志写专栏。

她驱车前往作家的家里，对他说："我想在杂志上为您做一个专栏，麻烦您支持。"

可是这位作家实在是太忙了，每天上课、演讲，时间排得满满的，不管刘女士怎样婉言相求，他都是百般推辞，就是不答应。

作家说："您看，我简直快要忙疯了，我现在在准备资料，三个小时后还要赶飞机到上海去上课。"

看到作家如此坚决，刘女士只好告辞。

过了三个小时之后，作家推开自家大门，想要叫计程车赶赴机场，却看到刘女士的车子还没有离开，她真诚地对作家说："先生实在对不起，影响了您的行程时间。但是我知道先生的文笔很好，错过了这次机会，我将不会找到像您这样学识丰富、阅历深厚的人了，希望我们的合作愉快。"

刘女士说完话，亲自打开车门，笑着对作家说："先生，时间不早了，我载你去机场吧！"

没多久，作家的专栏，如期刊登在刘女士创办的杂志上了。

真诚是一把万能钥匙，它能开启通向别人心灵世界的大门。女人只要真诚地对待别人，必将有意想不到的收获。

金丽红是北京某出版社的副主编，多年来和作家、作者建立了良好的关系。这个社交圈的维护和稳定得益于她理解作者、真心为他们着想的真情和办事周到的细心。

2000年底，当金丽红在报纸上读到身患绝症的上海作家陆幼青写的给自

已选墓地的一篇连载之后，被他坦然面对死亡的态度以及平静而幽默的文字所震撼。凭着职业敏感，金丽红意识到这是个年轻有为的作家，《死亡日记》是他最后的绝唱，也是前无古人后无来者的不可复制的珍品。

当时很多同行也看中了陆幼青这部书稿的价值，一时，各家出版社都派出精兵强将，动用各种社交手段，想把这部书稿争到手，但是陆幼青却最终决定将书稿交给金丽红出版。原来，陆幼青被金丽红的细心打动了。

金丽红第一次去医院见陆幼青的时候，特地带了一个小小的录音机送给他。就是这个看似不起眼的小录音机成全了金丽红的心愿。这个微不足道的细节让陆幼青看到了金丽红做事认真的态度。作品就是作家花费心血培育的"婴儿"。在鱼龙混杂的文化市场，一个作家最放心不下的就是自己的心血托付给不负责任的出版社。

后来的事实证明陆幼青的选择是正确的。在出版书稿的过程中，金丽红的细心周到体现出了她对作家的真情。工作单位在北京的金丽红，为了不辜负作家的期望，接连五次飞到上海，诚恳地接受陆幼青的意见。为了满足陆幼青在生前能看到自己的心血出版的心愿，细心的金丽红让社里从印刷厂抽出两千册还未装订的书籍，拉到装订厂突击装订，精选了十本，让出版社的人亲自带着样书飞到上海。

当这本书及时送到陆幼青的病榻前时，他已经躺在病床上不能动了，陆家的人和闻讯赶来的记者都很激动，很多人都哭了。

金丽红的细心周到，成就了出版界一段动人的故事。

心灵感悟：

真诚，是一种消除人与人之间摩擦的润滑剂；真诚，是一座连通彼此间心灵的桥梁。为人处世少了真诚，那么你在他人眼中就是一个做作、虚伪的人。以真诚待人，你将被别人信任，成为一个受欢迎的人。

聪明女人会"装傻"

一次在酒店里，一位外宾吃完最后一道菜"顺手"把制作精美的景泰蓝食筷插入自己的口袋。

这时，服务小姐看到了，但她没有当场给以难堪，而是不露声色地迎上前去，双手捧着一只装有景泰蓝食筷的绸面小匣说："先生，我发现您在用餐时，对我国景泰蓝食筷颇有点爱不释手之意。非常感谢您对这种精细工艺品的赏识。为了表达我们的感激之情，经经理同意，我们把这双图案最精美的景泰蓝食筷赠送给您，并按最优惠价格，记在您的账上，您看好吗？"

那位外宾自然明白这些话的弦外音。在表示谢意之后，他借口多喝了两杯，误将食筷插入衣袋，借此下了台阶。

这位服务员如果不装"傻"，硬逼着客人交出景泰蓝食筷，客人拒不承认，她也达不到自己的目的。而这种看见当做没看见的装"傻"给了客人面子，有意无意的话语更是聪明的表现。所以，装"傻"不是真的傻，是一种大智若愚的社交手腕。

一天，在一个饭店里，有位顾客大声喊道"小姐，过来！快过来！"他指着面前的杯子，满脸愤怒地说："怎么搞的？你们的牛奶居然是坏的，我的一杯红茶就这样被糟蹋了。"

"呀，真的不好意思。"服务小姐满脸笑容地赔着不是，"我立刻给您换一杯。"新的红茶很快就准备好了，和刚才一样碟子边放了新鲜的柠檬和牛奶。服务小姐面带微笑轻轻地把盘子放在顾客面前，又小声地说道："我能否建议您一下，选择牛奶时就不要加柠檬；选择柠檬的话请不要再加牛奶。因为柠檬酸有时会让牛奶结块。"

那位顾客的脸一下子红了，喝完茶便匆匆地走了。

后来有人问服务小姐："明明是因为他太'土'才浪费了一杯红茶，你为什么不说出来？却还给他赔，让自己受损失？"

服务小姐回答道："正因为道理一说就明，所以用不着点破他。我比他聪明不了多少，没必要显示什么都懂。"

心灵感悟：

"装傻"在给别人留余地的同时也给自己留了余地，能够达到双赢的局面。"装傻"是有一定深度和技巧的大智慧，是站在一定的高度看人看事，这样不仅可以打造你可爱的形象，更有助于从全局上把握时机，在人生的关键处寻找突破口。

女人要学会帮助别人，才能被别人帮助

世界上最雄伟的植物当属美国加州的红杉，最高的红杉大约有90公尺，相当于30层楼的高度。令人惊异的是：红杉属于浅根型植物。有人提出疑问，长得这么高大的植物，怎么会有这么浅的根呢？

原来，红杉的生长必定是大范围的，并没有单独的红杉能长成那么高。大片的红杉长成一片森林，它们的根在地底下紧密相连，形成一片根网，这大片的根网正是他们成长的支撑，也是红杉长得如此高大的一个原因，因为红杉不必扎太深的根，所以能将扎根的能量用来向上生长。而且，浅根也方便它们快速、大量地吸收养分。所以有人开玩笑说加州红杉的根是"慧根"。

从红杉的生长特性，我们可以看出，正是一棵棵树的互相帮助，才得以让它们屹立于风雨中，长成参天大树。这和我们在社交中帮助别人有着异曲同工之处。一个人如果能多交朋友，广结善缘，和别人紧密相连，互通有

无，快速而大量地吸收各种信息、养分，不仅在遇到狂风暴雨时，有支撑的力量，也能花更少的心血，长得更高、更壮。

有这样一则神话故事：

上帝要从人间选出一个人，带领他到世界各地去调查民情，之后那个人就可以上天成仙。从几百个人中筛选，最后剩下春姑娘和冬姑娘两个人，由于二人技艺相当，实在无法选出哪一个更好，上帝只好叫她们爬山，谁先上去又先下来就是胜利者。

结果冬姑娘很快就回到上帝的身边，她爬过的那座山，空空如也；而春姑娘很久才下来，她爬过的那座山，一片苍翠，冬望着姗姗来迟的春，得意地等待着上帝的谕旨。上帝却微笑地望着春，慈爱地说："你正是最适合的人选，你最乐于助人，善良得连山上的一株草都不忍心践踏，还把每棵倒伏的小树都扶起来，天庭将封你为春神，永远受到人们的爱戴。而冬，为了行程的便利，砍掉了她看到的所有树木，固然能力无限，也只能封为冬神，受到人们世代的憎恨。"

上帝随着春来到人间，那个时候，万物复苏，田地间一片祥和。干涸池塘中的一对鱼儿正相濡以沫地生活，鸟儿正在用自己衔来的一点点食物喂着受伤的伙伴……

心灵感悟：

　　有付出才有回报，女人要想得到别人的帮助就要先付出去帮助别人。在现实生活中，有太多的人，不懂得付出，只知道一味的索取，时间一长，你身边的人就会觉得你是一个贪婪的人，就会不愿意和你交往。女人，想要拥有好人脉，就先学会付出吧！

要懂得照顾别人的自尊

森林里来了一个乞丐，他形如枯槁，浑身还散发着一股难闻的味道，人人都讨厌他，纷纷退避三舍，实在躲避不及的，只好给他一点钱，快快地打发他离开。

当乞丐走到袋鼠面前，袋鼠翻遍身上的口袋，抱歉地说："朋友，对不起，我身上没有一点钱。"

没想到乞丐紧紧握着它的手，连声称谢。袋鼠不解地问造物主："奇怪，我什么都没给他，他为什么还这样感谢我呢？"

造物主说："不，孩子，你给了他最好的礼物——友谊和尊严。"

同情一个陷入困境的人，伸出热情之手，给予他无私的帮助的确很重要，但更为关键的是，女人应该让他意识到自己的自尊和价值——只有充分相信自己的努力和未来，才有决心摆脱困境，证明自己不是弱者。

一个女人看到一个衣衫褴褛的推销员在寒风中蹲在路边卖铅笔，顿生怜悯之情，就顺手丢给他一元钱。走了几步，女人感觉不妥，又返回来，从地摊上拿起一支笔说："哦，我也是个商人，刚才忘记拿笔了，现在取回，你不会介意吧！"

几个月后，在一个展销会上，一位穿戴整齐的推销商迎上女人说："你可能早已忘记我了，可我永远不会忘记你，是你重新给了我自尊。一直以来我认为自己是个推销铅笔的乞丐，直到那天你告诉我，我是一个商人为止。"

女人没想到，自己的一句话，竟使一个处境窘迫的人重新树立了自信心，并通过自己的努力取得了可喜的成绩。当时她只是给了这个路边可怜人最起码的尊重而已。

还有这样一个故事：

有一天，富兰克林和年轻的助手一道外出办事，走到办公楼的出口处时，看见前面正走着一位妙龄女郎。也许她走得匆忙了些，没有留意脚下的阶梯，突然一个趔趄，身体失去了平衡，一下子摔倒在地，手里的文件散落了一地。

富兰克林一下就认出了她，她是一位职员，平时很注重自己的形象，总是把自己修饰得大方得体、光彩照人。富兰克林的助手看见她摔倒了，立刻加快了脚步，准备上前去扶她一把，却被富兰克林一把拉住，并示意他暂时回避。于是，两人悄悄地折回到走廊的拐角处，静静地关注着那个女职员的情况。面对助手的满脸困惑，富兰克林轻轻地告诉他：不是不帮她，可现在还不是时候，如果她的确需要我们的帮助，我们可以立刻就过去的。

一会儿，那个女职员站起来，她看看四周，掸去身上的灰尘，很快捡起了地上的文件，迅速恢复了常态，若无其事地继续前行。

等那个女职员渐渐远去，助手仍有些不明白，富兰克林笑道："年轻人，你愿意让别人看到自己摔跤时那副狼狈的样子吗？"

助手恍然大悟。

富兰克林又说："要记住，彼此的自尊，是人际交往的底线。"

心灵感悟：

在同别人交往的同时，维护别人的自尊心是非常必要的，因为自尊是一个人做人的最底线。伤害别人的自尊，会引起别人对你的强烈不满和排斥情绪，这样你的人脉就会损失。而维护别人的自尊，既能建立良好的人脉，也能提高自己的素养。

巧借身边人的力量成功

诗人徐志摩在很小的时候，就对语言及文学作品都表现出了十分浓厚的兴趣。15岁那年，他总觉得自己在文学方面的学习没有多大的长进，因此，他迫切需要一位精于这方面的名师给予指点。为了找到合适的老师，他拜访了许多在语言及文学创作上有所成就的人物，可是没有一个人能够让他满意。

后来，他听说梁启超在这方面有很深的造诣，可是，梁启超是大名鼎鼎的人物，想拜他为师谈何容易。但是，徐志摩知道自己的表舅与梁启超的关系十分要好。于是，他就前往表舅家，请表舅为其引见，以满足自己拜名师学艺的愿望。

在与表舅的一席交谈中，徐志摩充分表达了自己的迫切愿望。他那得体的表达和对长辈毕恭毕敬的态度，给表舅留下了良好的印象。表舅因此认为他是个可造之才。于是，向梁启超举荐了他，让其收下徐志摩这个学生。从此，徐志摩在梁启超的辅导下，再加上自身的聪明才智和刻苦钻研的精神，很快在诗歌创作上有了飞快的长进。最后，终于成了一个著名的诗人。

某房地产公司的女老总胆识过人，很有谋略和眼光，在多次的市场竞争中战无不胜、攻无不克，使公司的效益不断提高，规模空前扩大，她的威信与日俱增。

一次，公司在市区最繁华的地段开发了一个全市规模最大的商业项目。在施工过程中，老总亲自带队考察全国有名的市场，定位为超市和酒店结合的综合商城。该公司老总自认为她的定位万无一失，准备把地下面积按超市规模运作。

回来后，她开始按自己的计划向市里有关部门报批此项目。在立项时，由于提供资料复印件不够，她顾不上回公司，便来到街上的复印部。复印部的女孩边复印，那位女老总边打电话安排工程部按超市计划准备设计装修方案。谁知那位复印部的女孩复印后微笑着对那位老总说："我可不可以给你提个建议？"女老总没想到：一个复印部的女孩还看得懂图纸，马上回答她："你有话尽管说。"那位女孩说："我刚才复印时看到你们图纸上没有超市需要的排风功能设计，而且消防通道也离食品制作间太远。"

老总听后立即睁大了眼睛。原来，在超市里食品制作间占相当大的面积，而按当时工程的设计并没有安装排风的功能，这无疑是无法更改的硬伤。企划部的人不太懂得工程设计和建筑类知识，市场调查数据不充分，忽略了此因素，如果轻易投资，其后果不可想象。

老总听完女孩的建议后意识到问题的严重性，马上重新定位，避免了一场风险。后来，老总得知那位女孩曾在超市做钟点清洁工，闲时与在建筑设计院工作的父亲学识图。

心灵感悟：

生活中，围绕我们身边的人很多，不管是小人物还是大人物，每个人都有自己的可用之处，只要我们有一双善于发现的眼睛，能够及时发现别人的长处并且抓住时机利用起来，那么我们的人生就会得到成功。

语言是把双刃剑

某公司总经理利用业余时间出版了一本经营管理类书。出版社寄来清样时，总经理正在和客人谈生意。秘书进来送书的时候说："你在企业工作真是一个错误的选择，如果你专门研究经营管理，我相信你一定能成为商务管

理的专家。"总经理听完这段话后，看了看客人，有些不满地说道："你的意思是我不适合做总经理吧？难道我做生意有什么不好吗？"

客人见经理面有不悦之色，立刻接起话头说道："我想这位秘书的意思是说您是个多才多艺的人，不仅本职工作做得好，其他方面也非常出色。"总经理这才露出了满意的笑容。此后，这位客人再来约经理谈生意时，秘书总是热情接待，总经理也对这位客人照顾有加。

要做一个受人欢迎的女人，就应当说话分场合，而且说话还要讲究分寸，懂得什么该说，更应该懂得话要怎么说。否则就会因为不小心说错了话，而给自己带来麻烦。

宋杰是公司的一名中级职员，他的心地是公认的好，工作能力也有目共睹，可就是一直升不了职。和他同年龄、同时进公司的同事，不是成了他的顶头上司，就是外调独当一面。这让宋杰非常郁闷。有一天，他咨询了他最好的一个朋友，向朋友诉说了他目前的情况。朋友不假思索地对他说："如果有原因的话，那就是你口不择言的过错。你自己想一下，你在单位口碑好，但你的朋友多吗？还不是我们这些了解你的老同学做你的朋友？"

宋杰仔细想了一下，也的确如此，虽然自己是公司公认的好人，可在整个公司里却没有自己的一个知心朋友，都是些泛泛之交。再想想平常说过的话，宋杰真是倒抽了一口凉气，原以为自己的"有啥说啥"是个优点，可在不知不觉中却得罪了很多人。难怪同事们总是有意回避自己，也难怪自己一直不得重用。

心灵感悟：

好口才的女人，可以将语言作为一种武器，去解决生活中的矛盾，与他人更好地沟通。不会说话的女人，在一些事情上总会弄巧成拙。女人，在与人的交往中，一定要先动"脑"再动口，小心使用语言这把双刃剑。

贵人提携好成功

阿根廷前总统伊萨贝尔就是站在丈夫庇隆这位花甲之年的政治家肩膀上，凭借其权力与声望，从一名舞蹈演员一跃登上国家权力的巅峰的。当然，她在踏向政坛的路上，借助了许多贵人的力量。有异国名人、有支持她的百姓和庇隆当选前自动辞职的两位正、副总统。正是这些贵人给予了她不同的帮助，伊萨贝尔终于成为世界政坛上一颗耀眼的明珠。

1931年，伊萨贝尔出生在阿根廷拉里奥哈省一个银行职员的家庭。1956年，伊萨贝尔随团到中美洲各国巡回演出，她轻盈动人的舞姿在巴拿马引起强烈轰动。

有一天，伊萨贝尔刚跳完舞，一位年逾花甲、满头白发的老人要前来见她。众位演员都感到很吃惊：原来这个人就是刚刚退下政坛的阿根廷前国家元首胡安·庇隆。

这得益于伊萨贝尔在夜总会结交的一位巴拿马政界名人，从他口中得知下台后的阿根廷前总统胡安·庇隆正在巴拿马城流亡。伊萨贝尔便随口说了一句："我能不能见见他？"庇隆没想到一个下台失势的总统在异国他乡还能得到别人的怀念与尊敬，他随即决定破格到夜总会去探望这位女演员。

无疑，这位巴拿马政界名人在伊萨贝尔命运的转折关头起着重要作用。正是他的牵线搭桥，伊萨贝尔这位演员竟结识了尊贵的前总统。

没过多久，伊萨贝尔便决定告别剧团，跟随庇隆到巴拿马过流亡生活。伊萨贝尔对庇隆充满必胜信心，她坚信这位饱经风霜的老总统总有一天会希望重燃，东山再起。

1960年1月，伊萨贝尔与庇隆在马德里正式举行了婚礼。

1965年，伊萨贝尔身带丈夫庇隆的详细指示重返阿根廷。当时由于阿根

廷政府没有政绩，所以人民都希望庇隆再次复出。为了让庇隆顺利通过宪法权利，真正实施权利，坎坡拉总统和索拉诺·利马副总统主动向议会提出辞职报告。经过长达7年的努力，庇隆终于时来运转。1973年3月11日，阿根廷举行了大选。后来，在一次庇隆派正义党全国代表大会上，庇隆夫妇被选为正副总统候选人。

这里，阿根廷人民和坎坡拉总统、利马副总统也都是伊萨贝尔生命中的贵人他们对庇隆夫妇的爱戴和拥护，为伊萨贝尔顺利当选副总统创造了良好的条件。当然，直接把她推上权力巅峰的是他的丈夫庇隆，这是她政治生涯中起直接作用、最重要的贵人。

庇隆第三次当选为阿根廷的总统时，伊萨贝尔随即成为第一夫人，也成为阿根廷历史上和拉美历史上的第一位女副总统，从此开始了她漫长的政治生涯。

庇隆第三次出任总统时，已是年逾古稀。1974年，久不理事的庇隆总统突发心脏病。按照阿根廷宪法规定：若总统生病、死亡或辞职、离职，行政权则由副总统行使。庇隆接受并签署了移交总统权力证书。随后，在最高法院的主持下，伊萨贝尔宣誓就任总统。

心灵感悟：

女人要想成功，除了具备良好的品德、成就大事业的能力之外，最重要的还是需要贵人的帮助。在人际交往上，聪明的女人一定要结交比自己有能力的人，并重视他们，只有这样，女人才会不断进步，获得上升的机会。

邻居是最方便的人脉

李先生夫妇在某居民小区买了一套二手房。刚住进来，因为不熟悉周围的环境，李先生经常把从家里提出的垃圾袋随手丢在楼道口。直到有一次，他被住在一楼的邻居看到，批评他不讲卫生，他不服气，跟对方大吵了一架。住得时间长了，李先生发现，在小区附近有个垃圾点，邻居们都往那里扔垃圾。李先生意识到上次跟邻居吵架错在自己，但碍于面子，他没打算跟邻居主动赔礼道歉。

几个月后的一天，李先生家厨房的自来水龙头坏了，而要换新水龙头，需要先关闭楼里自来水的总阀门。恰巧物业的维修工又不在。李先生只好自己解决。他跑到楼道门口，找到自来水井，揭开井盖一看傻眼了，原来里面有五六个阀门，他不知道究竟哪个才是自来水阀门。一时间，李先生犯了愁。

正当李先生一筹莫展时，身后有人说："最里面的那个阀门是自来水阀门。"李先生回头一看，原来是住在一楼的邻居。关了阀门之后，邻居主动从自己家里拿来工具帮李先生换了水龙头。邻居不计前嫌的行为感动了李先生，当天晚上，李先生第一次到邻居家，为自己以前的过错真诚地向邻居道歉，两人握手言和。从此，李先生跟邻居常来常往，很快就成了好朋友。当得知邻居因刚刚大学毕业的儿子无工作而犯愁时，因专业对口，李先生便主动将其介绍到自己所在的公司任职。从此，两家人亲密得如同一家人。

心灵感悟：

有句话说得好，远亲不如近邻。生活中，每一家都会遇到大大小小的事情，这个时候，近在咫尺的邻居的帮助往往比亲戚的帮助

更为及时。邻里关系的重要，就在于它有时能够解决燃眉之急，女人要构建和谐的邻里关系就要做到互帮互让，互相宽容，这样才能成为受邻居欢迎的人脉高手。

朋友多了路好走

英国著名作家杰克·伦敦的童年，贫穷而不幸。14岁那年，他借钱买了一条小船，开始偷捕牡蛎。可是，不久之后就被水上巡逻队抓住，被罚去做劳工。后来，杰克·伦敦趁机逃了出来，从此便走上了流浪水手的道路。

两年以后，杰克·伦敦随着姐夫一起来到阿拉斯加，加入到淘金者的队伍。在淘金者中，他结识了不少朋友。他这些朋友形形色色，而大多数是美国的劳苦人民，虽然生活困苦，但是在他们的言谈举止中充满了生命的活力。

杰克·伦敦的朋友中有一位叫坎里南的中年人，他来自芝加哥，他的辛酸故事可以写成一部厚厚的书。杰克·伦敦被他的故事感动得潸然泪下，而这更加坚定了杰克·伦敦心中的一个目标：写作，写淘金者的生活。

在坎里南的帮助下，杰克·伦敦利用休息的时间看书、学习。1899年，23岁的杰克·伦敦写出了处女作《给猎人》，接着又出版了小说集《狼之子》。这些作品都是以淘金工人的辛酸生活为主题的，深受广大中下层人民的喜爱，杰克·伦敦渐渐走上了成功的道路，畅销的作品给他带来了巨额的财富。

起初，杰克·伦敦并没有忘记与他同甘苦共患难的淘金工人们。他经常去看望他的穷朋友们，一起聊天，一起喝酒，回忆以往的岁月。

然而后来，杰克·伦敦的钱越来越多，他对于钱也越来越看重。他甚至公开声明他只是为了钱才写作。他开始过着豪华奢侈的生活，而且大肆地挥霍。与此同时，他渐渐地忘记了他那些穷朋友。

有一次，坎里南来芝加哥看望杰克·伦敦，可杰克·伦敦只是忙于应酬各式各样的聚会、酒宴和修建他的别墅，对坎里南不理不睬，一个星期里坎里南只与他见了两次面。

坎里南头也不回地走了。同时，杰克·伦敦的淘金朋友们也永远地从他的身边离开了。

离开了朋友，离开了写作的源泉，杰克·伦敦的思维枯竭了，他再也写不出一部像样的作品了。于是，1916年11月22日，处于精神和金钱危机中的杰克·伦敦在寓所里用一把左轮手枪结束了自己的生命。

心灵感悟：

人们常说："在家靠父母，出门靠朋友。"朋友是女人一生最宝贵的财富，是女人有不时之需时可用的人脉。人生无常，但是有朋友的帮忙，我们就会很容易度过难关。

聪明女人也需要贵人

梁凤仪在香港中文大学读书时，与何文汇初识。1972年，互生爱慕的两人结束恋爱阶段，步入婚姻的殿堂。

随后，何文汇前往英国攻读博士学位，梁凤仪陪在丈夫身边。到伦敦后，梁凤仪成为一个纯粹的家庭主妇，她每日在家打扫房间、买菜、做饭，着实过了一段平淡无奇、波澜不惊的生活。

时间一长，聪明的梁凤仪发现这种平静的家庭生活中隐藏着爱情危机。1974年，何文汇赴美国威斯康星大学教书，梁凤仪再次随行。此时，何文汇薪水微薄，不足以养家。在美国，他们只有白手起家了。为了生活，梁凤仪

曾在弗吉尼亚州一家餐馆做了近一年的侍应生，但生活还是很窘迫。这样硬撑着直到1975年，梁凤仪才回到了香港，受聘于香港佳艺电视台，任编剧及戏剧制作人。

随后，梁凤仪成立了香港第一家"菲佣介绍公司"。该公司虽然没赚很多钱，但却给香港造成很大影响，引起了新鸿基证券集团董事局的注意。新鸿基的老板冯景禧是香港华资金融王国的当家人，他亲自向梁凤仪发出邀请，聘请梁凤仪到新鸿基集团任高级职员，主管公关部及广告部。从此，梁凤仪正式踏入了香港财经界。她从零开始，勤奋学习，很快便成为冯景禧手下最受器重的几员干将之一。这段生活也成了梁凤仪日后财经小说中的重要素材。

1990年，梁凤仪写出了《醉红尘》等6部长篇小说。1991年，梁凤仪更上一层楼，竟然一口气出版了《花帜》等一系列作品，"梁旋风"刮起来了。借着这股东风，梁凤仪成立了"勤+缘"出版社。仅仅在建社的一年半以后，"勤+缘"出版社便收回了"8位数字"的投资，并在两年以后，一跃而成为香港3家营业额最高的出版社之一。

心灵感悟：

　　女人一定要记住：即使你学富五车，还要有人识才，你才能获得成功！因为只有识才之人，才有一双慧眼，能一眼把你看透！如果你想达到某种目的，获得某种机会，就必须拥有这样几位为你指点迷津的"贵人"，助你在学习的过程中不断进步。

和成功者站在一起更能成功

1965年，一位韩国学生到剑桥大学主修心理学。在喝下午茶的时候，他常到学校的咖啡厅或茶座听一些成功人士聊天。这些成功人士包括诺贝尔奖获得者，某一些领域的学术权威和一些创造了经济神话的人，这些人幽默风趣，举重若轻，把自己的成功都看得非常自然和顺理成章。时间长了，他发现，在国内时，他被一些成功人士欺骗了。那些人为了让正在创业的人知难而退，普遍把自己的创业艰辛夸大了，也就是说，他们在用自己的成功经历吓唬那些还没有取得成功的人。

作为心理系的学生，他认为很有必要对韩国成功人士的心态加以研究。1970年，他把《成功并不像你想像的那么难》作为毕业论文，提交给现代经济心理学的创始人威尔布雷登教授。布雷登教授读后，大为惊喜，他认为这是个新发现，这种现象虽然在东方甚至在世界各地普遍存在，但此前还没有一个人大胆地提出来并加以研究。惊喜之余，他写信给他的剑桥校友——当时正坐在韩国政坛第一把交椅上的人——朴正熙。他在信中说，"我不敢说这部著作对你有多大的帮助但我敢肯定它比你的任何一个政令都能产生震动。"

后来这本书果然伴随着韩国的经济起飞了。这本书鼓舞了许多人，因为这本书从一个新的角度告诉人们，成功与"劳其筋骨，饿其体肤"、"三更灯火五更鸡"、"头悬梁，锥刺股"没有必然的联系。只要你对某事业感兴趣，长久地坚持下去就会成功，因为上帝赋予你的时间和智慧够你圆满地做完一件事情。后来，这位青年也获得了成功，他成了韩国泛业汽车公司的总裁。

心灵感悟：

　　罗伯特·清崎说过："你想要创造多大财富，就要接近拥有那么多财富的人。"同样的，一个女人要想获得更大的成功，就必须努力和成功者站在一起。就必须多和已取得成功的人士打交道，少和不思进取的人在一起。

做好自己，才能相遇贵人

在一个狂风暴雨的夜晚，一个走村串户挑担卖日用品的卖货郎，又冷又饿地来到山脚下的一个小村子里求宿。可是，他几乎敲遍了所有人家的门，就是没人愿意让他留宿，绝望的他累倒在最后一户人家的门前。

第二天早上，卖货郎在一阵饭菜香中醒了，睁开眼睛一看，一个农妇和一个八九岁的小男孩正站在他的面前。见他醒了，农妇忙把饭菜端到他面前，白白的大米饭让卖货郎感动得热泪盈眶。他含着泪把饭吃下去之后，却发现小男孩和农妇在啃窝窝头。卖货郎起身就要向农妇下跪，农妇忙闪开了，对他说："谁都有落难的时候，我们只是做了该做的事，你不必感谢我们。"由于受了风寒，卖货郎发起了高烧，农妇冒雨上山采来草药给他治病。

农妇家只有一张床，她把床让给了生病的卖货郎，母子俩则挤在一把破藤椅上过夜。卖货郎在农妇家住了三天，在这三天里，农妇给他采药、熬药，把家里留着过年的大米做成饭给他吃。三天后，卖货郎康复了，千恩万谢告别了农妇母子。

而农妇与她的儿子，很快就把这件事忘了。农妇的丈夫很早就去世了，农妇靠着采草药维持生活，还要供孩子读书，日子过得很艰难。等到孩子要读初中时，农妇再也供不起了。就在她决定让儿子辍学的时候，却收到了一张汇款单，落款是"卖货郎"。于是，农妇用这笔钱继续供儿子读书。就这样，每个学期结束，她们都会收到一张汇款单。农妇的孩子很珍惜这来之不易的读书机会，学习很用功，成绩也很好。

转眼间，农妇的儿子大学毕业了，找到了一份不错的工作。农妇告诉儿子，要感谢卖货郎，没有他的资助，就不会有儿子的今天。她让儿子按照汇款单上模糊的地址，去向恩人道谢。农妇的儿子几经周折，终于找到了卖货郎的妻子——一家大型百货商场的董事长。原来卖货郎后来经过努力，创办了属于自己的百货商场，可是他从来都没有忘记给过自己第二次生命的农妇母子，所以一直资助她们。卖货郎的妻子告诉农妇的儿子，丈夫几年前因意外去世了，临死前还叮嘱她不要忘了自己的救命恩人。

心灵感悟：

> 贵人不一定都是富人或达官贵人，那些乐于帮助你、为你带来成长机会的人都可以是你生命里的贵人。贵人的角色是相互的，女人要想遇到自己生命里的贵人，不能守株待兔式地等待贵人上门，而是在努力做一个最好的自己的前提下，主动去结交贵人。

女人通过征服男人去征服世界

20世纪90年代初，周凯旋是董氏集团一家公司的董事，负责中国投资项目。日后成为香港特首的董建华当时还是董氏集团董事长。在董氏集团眼中，周凯旋是个外人，在地域和人脉上她都吃亏不少。

施南生是香港电影界很有影响的女经理人，周凯旋向施南生自荐，说能帮她把电影销售到欧洲。施南生很欣赏精明过人的周凯旋，两人很快成为好友。在施南生的扶持下，周凯旋渐渐进入上层社交圈。除了结识香港及东南亚各路商家外，她还结识了另一位朋友张培薇，她是董建华的表妹。

接着，周凯旋无意中开始接触对她一生影响巨大的"东方广场项目"。她和张培薇为董建华下属的东方海外公司寻找地产投资项目，完全靠直觉在北京长安街上找到儿童电影院，却发现按照政府规划，必须要在周围1万平方米的面积上整体开发。于是，两个女生，从一幢小楼起步，

做成一件轰动的大事。周凯旋全面吃下王府井至东单"金街"与"银街"之间的10万平方米的地段。之后，毫无地产操作经验的周凯旋提出了全面开发新东方广场的规划，并用半年时间迁走了长安街上20余个国家部级单位、40余个市级单位、100余个区级单位和1800余户居民。在作这个大决定的过程中，董建华给了周凯旋充分的信任和支持，令周凯旋念念不忘。而李嘉诚和周凯旋认识，是因为董建华希望与李嘉诚的长实集团合作开发这个庞大的项目。周凯旋说服李嘉诚为此项目投下20亿美元，并且最终取得了4亿港元的酬劳。

艰难地完成东方广场项目，周凯旋声名鹊起，集团提升她做公司董事，但周凯旋却主动放弃，这令董建华觉得很奇怪。周凯旋解释说："外表光荣其实是你自己心里的包袱，一个很大的负担。对我来讲，最重要的是从这个项目中得到应得的报酬。"

随后，周凯旋的商业策略规划能力再度让"李超人"刮目相看。1999年互联网热兴起，李嘉诚听从周凯旋的建议，在2000年3月力推TOM网上香港创业板。据当时的报道，李周二人合创TOM网时，后者仅以30万港元入股，结果上市以后身价飞升至最高127亿港元，2007年TOM在线私有化，周凯旋套现6亿港元。周凯旋的眼光让她的财富再度增加。

"在男女之间的感情上，最靠得住的感觉是你是否是我最不可替代的朋友，这个是原则。……什么叫朋友？可能有一个最简单的回答：站在你旁边，支持你。这个人永远都不会伤害你，永远尝试了解你，给你一个恒定的信心。"周凯旋开心地说。

对于女性的成功，周凯旋认为："我认识很多成功的女性，我发现成功的经验基本上是相同的。只要把着眼点放好，努力争取一个结果，一切都会随之而来。"

作为女人，可以利用自身的实力和才干，获得出人头地的机会，但是身边男性朋友的支持是必不可少的。女人要学会区分好爱情和友情的区别，把握好自己手中成功男人的好人脉。

"偶遇"的贵人

一个风雨交加的深夜，一对年老的夫妻走进一家旅馆，他们想要一个房间。前台侍者回答说："对不起，我们旅馆已经客满了，一间空房也没有了。"但看着这对老人失望而又疲惫的神情，侍者不忍心深夜让这对老人出门另找旅馆。而且在这样一个小城，恐怕其他的旅店也早已客满打烊了，这对疲惫不堪的老人岂不是在深夜流落街头？

好心的侍者想了想，便将这对老人领到一个房间，说："也许它不是最好的，但现在我只能做到这样了。"老人见眼前是一间整洁干净的屋子，就愉快地住了下来。

第二天，当他们来到前台结账时，侍者却对他们说："不用了，因为我只不过是把自己的屋子借给你们住了一晚——祝你们旅途愉快！"原来如此。侍者自己一晚没睡，他就在前台值了一个通宵的夜班。

两位老人十分感动。老先生说："孩子，你是我见过的最好的旅店经营人。你会得到报答的。"侍者笑了笑说，这算不了什么。他送老人出了门，转身接着忙自己的事，把这件事情忘得一干二净。

没想到有一天，侍者接到了一封信函，打开一看，里面有一张去纽约的单程机票，并有简短附言，聘请他去做另一份工作。他乘飞机来到纽约，按信中所标明的路线来到一个地方，抬头一看，一座金碧辉煌的大酒店耸立在

他的眼前。

原来，那个深夜，他接待的是一个有着亿万资产的富翁和他的妻子。富翁为这个侍者买下了一座大酒店，并深信他会经营管理好这个大酒店。

这就是全球赫赫有名的希尔顿饭店首任经理的传奇故事。

心灵感悟：

在现实生活中，很多人其实并不具备成功的潜质，可是他们仍然可能成功，最重要的原因是跟对了人。贵人或许离你很远，也可能离你很近，而能否"抓住"贵人，主要在于你如何做自己。做最好的自己，真诚待人，你遇到的一些人中说不定哪个就会成为你的贵人。聪明的女人，请擦亮你的双眼，不要错过生命中"偶遇"的贵人。

适时地"装傻"也是必要的

江岚是某大公司的高管，平时工作繁忙。她凭着过人的能力，将工作中的一切事务都处理得井井有条，得到了公司上下的一致称赞。但就是这样一位能力出众的女性，在父母及兄弟姐妹眼中，却是个什么都不会做的需要大家处处照顾的"娇小姐"。

比如休息日，江岚会赖在床上一直睡到将近中午，早饭一般是不吃的。可心疼女儿的妈妈往往是把饭端到床前推醒江岚吃上几口，然后再让她继续做关公梦。将近中午时，江岚才在父母几十遍的催促声中从被窝里抬起惺忪的睡眼，一边闻着饭菜的味道大呼小叫地直嚷"好香"，边匆忙起床。被子多是小妹帮忙叠。平时穿的衣服，也都是卖服装的姐姐帮忙挑选。好不容易有一次，江岚心血来潮地想起进一次厨房，说是要让父母尝尝自己的"手艺"，却在菜还没下锅时就不知如何是好，大喊"老妈救命"。还有一次，她把盐错当成白糖放进咖啡里，害得喝咖啡的哥哥直咧嘴。

也正是这样一个女儿，让父母百般放心不下，因此无形中对她多了几分关照，兄弟姐妹们也觉得她"自理能力差"而多了几分关心。江岚就这样在家人关怀的阳光中一脸灿烂地过着日子。而父母每每与别人谈到江岚时，也多是"我们这个女儿啊，真是的……"埋怨的话语却伴随着慈祥的笑容。

如今，职场"女强人"婚姻遭遇种种不顺似乎是司空见惯的事，因为她们太强了，厉害得让须眉男儿退避三舍。但江岚却似乎很"幸运"，与年轻有为的男友相恋两年顺利走进婚姻，婚后公婆老公也像父母一样认为她需要大家的关照而对其多方呵护，夫妻俩感情一直很好，她也似乎还是那个不善家务的长不大的小姑娘。

难道，江岚真的那么"无能"吗？在一次与好友的闲聊中，江岚道出了自己的"秘密"。原来，江岚深知，每个人的内心都有被别人需要的渴望，而这种渴望的满足让他们感觉到宽慰和安全。江岚正是用自己不善家务这一"弱点"而钓足了家人甘愿保护她的"胃口"。

心灵感悟：

聪明而漂亮的女子，嫁人是没有问题的，但高智商的她们，往往一眼就能识破男人们的甜言蜜语，看穿男人的把戏，恋爱自然也没办法谈了。太聪明的女人让男人觉得具有威胁性，就会变得不可爱。女人，要收起自己的锋芒，做一个会装傻的女人，这样才可以打造你可爱的形象。

说话要有保留

在非洲一片茂密的丛林里有四个瘦得皮包骨头一样的男子，他们扛着一只沉重的箱子，在丛林里跟跟跄跄地行走。

这四个人是：巴里、麦克里斯、约翰斯、吉姆，他们是跟随队长马克格夫进入丛林探险的。马克格夫曾答应给他们优厚的工资。但是，在任务即将完成的时候，马克格夫不幸得病而长眠在丛林中。

这个箱子是马克格夫临死前亲手制作的。他十分诚恳地对四人说道："我要你们向我保证，一步也不离开这只箱子。如果你们把箱子送到我朋友麦克唐纳教授手里，你们将分得比金子还要贵重的东西。我想你们会送到的，我也向你们保证，比金子还要贵重的东西，你们一定能得到。"埋葬了马克格夫以后，四个人就上路了。但密林的路越来越难走，箱子也越来越沉重，而他们的力气也越来越小了。他们像囚犯一样在泥潭中挣扎。一切都像在做噩梦，而只有这只箱子是实在的，是这只箱子在支撑着他们的身躯！否则他们全倒下了。他们互相监视着，不准任何人乱动这只箱子。在最艰难的时候，他们想到了未来的报酬是多少，当然，有了比金子还重要的东西……

终于有一天，绿色的屏障突然被拉开，他们经过千辛万苦终于走出了丛林。四个人急忙找到麦克唐纳教授，迫不及待地问起应得的报酬。教授似乎没听懂，只是无可奈何把手一摊，说道："我是一无所有啊，噢，或许箱子里有什么宝贝吧！"于是当着四个人的面，教授打开了箱子，大家一看，都傻眼了，里面是满满一堆无用的木头！

"这开的是什么玩笑？"约翰斯说。

"屁钱都不值，我早就看出那家伙有神经病！"吉姆吼道。

"比金子还贵重的报酬在哪里？我们上当了！"麦克里斯愤怒地嚷着。

此刻，只有巴里一声不吭，他想起来在他们刚走出的密林里，到处都是一堆堆探险者的白骨，他想起了如果没有这只箱子，他们四个人或许早就倒下去了……巴里站起来，对伙伴们大声说道："你们不要再抱怨了。我们的确得到了比金子还贵重的东西，那就是生命！"

心灵感悟：

马可格夫是一个智者，看似给朋友们留下了一箱破木头和一个谎言，其实留给了他们一个将生命继续下去的目标。很多时候，无论是出于对自己的保护还是出于对朋友的爱护，说话保留一点是很有必要的。

防人之心不可无

郑袖是春秋时楚怀王熊槐的妃子，人长得既漂亮又聪明，深得怀王宠爱。后来魏国为讨好楚国，给怀王送来了一个美女，喜新厌旧的楚怀王很快被新送来的美女迷住，冷落了郑袖。

郑袖很伤心，但深谙宫廷险恶的她表面上却装出若无其事的样子，从不向楚王发半句牢骚，并且对那位新夫人表现出特别的热情。新夫人喜欢什么衣服，喜欢什么玩物，郑袖一定为她办到；如何布置房子，郑袖也很快为她做好。郑国送的香云纱，陈国送的奈良绸，齐国送的翡翠簪，郑袖总是挑好的送给魏美人。她对新夫人的关怀，比楚怀王更加周到，可谓无微不至。她还在楚王面前说了新夫人很多好话。

新夫人对郑袖也非常感激，也乐得投桃报李，将其视为知己，并时相过从。两人凡事都要一起商量，亲昵到以姐妹相称。新夫人还常在楚怀王面前为郑袖美言。楚怀王对郑袖非常满意，觉得她贤良淑德，以为自己捡到宝

了。

郑袖确定消除了怀王和新夫人对自己的戒心，暗自高兴。有一次，在和新夫人闲谈的时候，她装作无意地告诉新夫人："妹妹，你真漂亮，难怪大王喜欢你，但美中不足的是你的鼻子略尖，真叫人惋惜呀！"

"那怎么办呢？姐姐！"新夫人摸摸鼻子，焦急地问道。

"其实，这也没有什么了不起的，"郑袖依然若无其事地说道，"你以后见到大王时，轻轻把鼻尖掩一掩不就行了吗？"

新夫人认为这办法好得很，以后每次见到楚王时她就把鼻子掩起来。时间一长，楚王觉得很奇怪，又不便当面问，便向郑袖询问。郑袖欲言又止，激起了楚王的好奇心，最后郑袖故意神秘地说："大王不要生气，是魏美人不识抬举，大王对她如此宠爱，她却说大王身上有股臭味，她很反感。"

"真是岂有此理！"这位喜怒无常的楚王气得咆哮起来："来人，快去把那贱人的鼻子给我割下来！"从此，郑袖成为了怀王的专宠。

心灵感悟：

> 魏美人落得这样的下场，完全是因为她对郑袖的建议不加辨别一概采纳。俗话说得好，害人之心不可有，防人之心不可无，在这个竞争激烈的社会里，女人一定要学会辨别别人建议的真假，凡事多留个心眼，看清"好心"建议背后的真相。

收起锋芒，平易近人

一天，一位年轻的女人领着一个小男孩走进美国著名企业"巨象集团"总部大厦楼下的花园，在一张长椅上坐下来。她不停地在跟男孩说着什么，似乎很生气的样子。不远处有一位头发花白的老人正在修剪灌木。

忽然，年轻女人从随身提包里拿出一团白花花的卫生纸，一甩手将其抛到老人刚修剪过的灌木上面。老人诧异地转过头朝女人看了一眼，年轻女人满不在乎地看着他。老人什么话也没说，拿起卫生纸扔进了垃圾筐。

过了一会儿，年轻女人又拉出一团卫生纸扔了过来。老人再次拾起卫生纸扔到筐子里，然后回到原处继续工作。可是，老人刚拿起剪刀，第三团卫生纸又落在了老人眼前的灌木上……就这样，老人一连捡了那女人扔过来的六七团纸，但他始终没有因此露出不满和厌烦的神色。

"你看见了吧！"年轻女人指了指修剪灌木的老人对男孩大声说道："我希望你明白，如果现在不好好上学，你将来就跟他一样没出息，只能做这些卑微低贱的工作！"

老人听见后走过来，和颜悦色地对女人说："女士，这里是集团的私家花园，按规定只有集团员工才能进来。"

"那当然，我是'巨象集团'的部门经理！"年轻女人高傲地说，同时拿出一张证件朝老人晃了晃。

"我能借你的手机用一下吗？"老人沉默了一会儿说。

年轻女人极不情愿地把手机递给老人，同时又不失时机地开导小男孩："你看这些穷人，这么大年纪了连手机都买不起。你今后一定要努力啊！"很快一名男子匆匆走过来，恭恭敬敬地站在老人面前。老人对来人说："我现在提议免去这位女士在'巨象集团'的职务！""是，我立刻按您的指示去办！"

老人吩咐完后径直朝小男孩走去，他意味深长地说："我希望你明白，在这世界上最重要的是要学会尊重每一个人……"

年轻女人被眼前骤然发生的事情惊呆了。她认识那个男子，他是"巨象集团"的人力资源主管。"你……你怎么会对这个老园工那么尊敬呢？"她大惑不解地问。

"你说什么？老园工？他是集团总裁詹姆斯先生！"年轻女人惊讶得一下子瘫坐在长椅上。

心灵感悟：

女人拥有某方面独特的优势是令人高兴的事情，但切记不要一提及就自我陶醉，这样会害了自己。具有一定优势的女人，要想让更多的人接受自己，就要学会谦虚谨慎，收起自己的锋芒。

第九章
走自己的路，洗涤心灵

　　走自己的路，做独立女人。独立的女人像一颗四季常青的松柏，无论什么境地，都可以保持自己的本色。独立的女人，自己掌握自己的命运，在自己的人生道路上，有着自己的目标，她们知道坚持不懈，不媚俗，不堕落，一路朝着阳光最灿烂的地方，自由奔跑，冲向成功与幸福。

命运掌握在自己手里

罗马纳·巴纽埃洛斯是位墨西哥姑娘，16岁就结婚了。结婚后，她生了两个儿子，后来，丈夫离家出走，罗马纳独自一人养活两个孩子，生活过得非常艰辛。但是，她决心谋求一种令她自己及两个儿子感到体面和自豪的生活。

她用一块头巾包起自己的全部财产，跨过里奥兰德河，在德克萨斯州的埃尔帕索安顿下来，开始在一家洗衣店工作，那时候她一天仅1美元，但她从没放弃过要让两个儿子过上受人尊敬生活的梦想。

于是，口袋里只有7美元的她，带着两个儿子乘公共汽车来到洛杉矶寻求更好的发展机会。她在那里做洗碗的工作，找到什么工作就做什么工作，只要能挣到钱就行。

等她存够了400美元的时候，她便和她的姨母共同买下一家拥有一台烙饼机及一台烙小玉米饼机的店。她与姨母共同制作的玉米饼非常成功，后来还开了几家分店。直到最后，姨母感觉到工作太辛苦了，这年轻妇女便买下了她的股份。

不久，她经营的小玉米饼店铺成为全美最大的墨西哥食品连锁店，拥有员工300多人。她和两个儿子经济上有了保障之后，这位勇敢的妇女便将精力转到提高她美籍墨西哥同胞的地位上。"我们需要自己的银行。"她想。后来她便和许多朋友在东洛杉矶创建了"泛美国民银行"。这家银行主要为美籍墨西哥人所居住的社区提供服务。

后来，银行资产已增长到2200多万美元，在这之前抱有消极观点的专家们告诉她："不要做这种事。"他们说："美籍墨西哥人不能创办自己的银行，你们没有资格创办一家银行，并永远不会成功。""我行，而且一定要成功。"她平静地回答说。

结果她做到了，她的梦想实现了。她与伙伴们在一个小拖车里创办起他们的银行。可是，到社区销售股票时却遇到另外一个麻烦，因为人们对他们毫无信心，她向人们兜售股票时遭到拒绝。他们问道："你怎么可能办得起银行呢？""我们已经努力了十几年，总是失败，你知道吗？墨西哥人不是银行家呀！"

但是，她始终不放弃自己的梦想，始终坚持不懈，如今，这家银行取得伟大成就的故事在洛杉矶已经传为佳话。

心灵感悟：

　　女人的命运掌握在自己手中，在生命的旅途中要学会不断地去强大自己，锻炼自己坚定的意志，只有这样你才能扛起你肩上重重的担子，你才不会庸庸碌碌地过一辈子。不要把自己当作金枝玉叶，更不要把自己当作奴仆，你就是一个奋斗者，为了自己的目标坚持不懈，努力前进才是你最应该做的事情。

你的强大是靠自己

曾经，有一个修行很深的和尚，请教一位大师："我虽致力求道，但心中总有不安，请大师为我安心。"

大师答："你把心拿来，我为你安。"

和尚说："我找不到我那颗不安的心。"

大师答："我已经把你的心安好了。"

于是和尚大悟。

这是禅宗初祖达摩大师传法二祖慧可的故事。

人的一生，自有其跌宕起伏。我们不奢求像高僧那样大彻大悟，但也希望找到自我，在人生陷入低谷和困顿之时，看到自己的人生方向。

有这样一个女人，她现在是一位成功的女企业家。曾经她只是一家企业的普通员工，因为生孩子而辞职，这是她人生第一次转折。孩子上幼儿园后，原来的企业已没有她的位置，她又应聘了其他工作。在这个工作中，她结识了很多成功人士。当她在工作中熟悉了所有流程后，她决定自己开家公司，这是她人生中第二个转折。她利用广交的人脉开展工作，虽然辛苦忙碌，却也初战告捷。一路走来，她的公司发展越来越大，她的人生也越来越丰富。她说她的人生总是在变化和转折之中，在变化中，生活的圈子不断扩大；在转折中，人生的版图不断扩大。她认为只要敢于尝试和行动，离开固定的"心理舒适区"，人生就会不同。

女人，只有自强自立才能过上自己想要的生活。

曾经，有一位穷苦的牧羊人领着两个年幼的儿子以替别人放羊来维持生活。一天他们赶着羊来到一个山坡，这时，一群大雁鸣叫着从他们头顶飞过，并很快消失在远处。

儿子问牧羊人："爸爸，爸爸，大雁要往哪里飞？"

"他们要去一个温暖的地方，在那里安家，度过寒冷的冬天。"牧羊人说。

大儿子眨着眼睛羡慕地说："要是我们也像雁那样飞起来就好了，那我就要飞到天堂，看妈妈是不是在那里。"

小儿子也对父亲说："我要是会飞的大雁多好啊，那样就不用放羊了，可以飞己想去的地方。"

牧羊人沉默了一下，然后对两个儿子说："只要想，你们也能飞起来。"

两个儿子试了试，并没有飞起来，他们用怀疑的眼神瞅着父亲。

牧羊人说："让我飞飞看。"于是他飞了两下，也没飞起来。

牧羊人肯定地说："我是因为年纪大了才飞不起来，你们还小，只要努力，就一定能飞起来，去想去的地方。"

儿子们牢牢地记住了父亲的话，并一直不断地等到他们长大以后果然飞起来了。他们发明了飞机，他们就是美国的莱特兄弟。

心灵感悟：

想成功的人，必须懂得如何把折磨转化成克服挫折和磨难的动力，它会使我们成长得更快。我们一定要学会拒绝别人的馈赠，让自己自强起来，做一个智慧女人，取得属于自己的成功。

保持工作热情

女人要有朝气和活力，正常而规律的工作就是最好的美容方法。许多在职场上拼搏的女人很会做到工作热情，她们看起来总是干劲百倍、英姿飒爽的样子！这样不仅能让自己自信，也能给人一种很好的感觉。

有一位张女士，她给人的第一感觉就是她很快乐。她说，作为零售管理者，行业之间竞争越来越大，企业对自身的要求也越来越高，面临的压力也更大。在这种情况下，保持一种不断进取、不甘落后的信念和积极向上、年轻化的心态就显得特别重要。

张女士说，工作生活不可能永远是一帆风顺的，许多不如意的事情随时都可能会出现。但无论你今天的心情如何，你都不能因此而影响你的工作。在工作中要尽量创造条件让自己快乐，让工作快乐，从而保持高昂的工作热情。作为管理人员，要协调好上下各级的关系，带领好自己的团队，形成团结和谐的工作氛围和环境。人在愉快轻松的环境中，热情和效

率都会很高。

张女士在工作中一直注重自身综合素质的培养。她认为职业女性的不断充电对于保持工作热情有很大帮助。她在工作之余，除了积极参加企业的各种培训之外，还经常看一些营销学、管理学、人际关系处理等方面的书籍。学习有助于以后的发展，会使自己有一种奋发的动力，从而保持了工作热情。

对于参加工作时间稍长一些的女人来说，千万别因为已经工作了好几年就觉得自己老了，否则，容易使自己人还未老，心已老。平时，多和新来的年轻人沟通交流，感染他们对工作生活的积极热情的态度。给自己定下一个近期的、容易实现的而不是不切实际的目标，激发自己不服输的精神。

有一位刘女士每天都是快乐热情地工作着。她说她的很大的一个动力就是要给孩子树立一个好榜样。她认为父母对孩子的影响是在平时的潜移默化中。如果在工作上遇到了不如意，她也决不会把烦恼带回家中，因为那样会使得家人不开心，自己就更不开心，产生了恶性循环。还不如自己好好调节一下，尽早恢复过来，保持工作的热情和快乐。

刘女士认为，保持工作的热情除了自身的努力外，工作环境也是至关重要的。她当初选择单位时就很看重公司的工作环境。她曾经建议公司的工会组织在职工中倡导"快乐地打工"，受到公司上下一致好评。公司里职员之间的关系都很融洽，相互关心鼓励，就像一个大家庭，没有勾心斗角，没有利益争斗，工作对大家来说也是一种享受了，所以要保持工作热情就很容易，这也需要每个人的努力。作为热情的女人，拥有一份好的工作不容易，保持良好的工作状态和较高的工作热情是一个职业人必备的职业精神，随时调节好自己的心情，处理好偶尔的热情落差，是热情女人应经常修炼的情操。

心灵感悟：

　　热情是能量，没有热情，任何伟大的事情都无法完成。职业女性要对工作充满无限的热情，带着热情去工作，才能拥有想要得到的一切。

做一个自立的女人

　　提起祁燕这个名字，可能很多人会觉得比较陌生。但提起华旗资讯数码科技有限公司，提起它旗下的爱国者系列产品，大家可能都会为这个不折不扣的民族品牌感到骄傲。华旗资讯十几年茁壮成长是跟担任公司副总裁的祁燕的努力分不开的。

　　"20岁的女人如花，30岁的女人如玉，40岁的女人精神焕发。那50岁的女人如我者应该称得上'镇宅之宝'了。我从来不为年龄而紧张，我相信，经过岁月的沉淀和打磨，才有了我今天的沉着、淡定，这是我最大的财富。"这就是祁燕常说的一句话。话虽不多，但却是她走向成功之路的完美概括。从中我们能看出她作为女人的自信，追求梦想的执着与坚定。

　　"苦之宝"就要有一个目标，也就是要明白自己要的这个方向努力。很多人往往在起跑时就迷迷茫茫，结果岔路很多始终无法得到成功。

　　小昔在一篇作文中描述她的伟大志愿，那就是想拥有一座农场。且仔细画了一张200亩农场的设计图。她还在作文中注明：还要在这一大片农场中央，建造一栋占地400平方米英尺的巨宅。她花了很多血把作文完成，交给了老师。等到两天后她拿回作文时却发现，第一页上打了一个又红又大的"F"，旁边还写了一行字：下课后来见我。纳闷不已的小女

孩下课后带着作文去找老师，她问："为什么给我不及格？"老师回答道："年纪轻轻，就不要老做白日梦，盖座农场可是个花钱的大工程，你要花钱买地、花钱买马匹、花钱照顾它们。如果你肯重写一个比较不离谱的志愿，我会给你打你想要的分数。"这个小孩回家后反复思量了好几次，然后又去征求父亲的意见。父亲只是告诉他："孩子，这是非常重要的决定，你必须自己拿定主意。"再三考虑几天后，她决定原稿交回，一个字都没改，并且告诉老师："即使拿一个大红字"F"，我也不愿放弃梦想。"

结果，二十多年以后，这位老师带领他的30个学生来到那个曾被他指责的女孩的农场露营了一星期，离开之前他对如今是农场主的女孩说："说来有些惭愧，你读初中时，我曾泼过你冷水，这些年来，我也对不少学生说过相同的话，幸亏你有毅力坚持自己的目标。"

心灵感悟：

女人，凡事不能只看消极的一面，还要看到积极的一面。成功的路上必然会经历无数磨难，唯有经得住考验和打磨的人才能笑到最后，这也正如祁燕所说的那样"经过岁月的沉淀和打磨，才有了我今天的沉着、淡定，这是我最大的财富。"

独立的女人才具有吸引力

赵小兰出身于一个历经磨难的移民家庭，8岁的她初到美国时一句英语也不会。经过自己的努力，在1979年，赵小兰拿到了哈佛商学院的MBA学位，并在1983年幸运地进入美国白宫学习，期间她结识了很多政府要员，这为她今后晋身美国政坛打下了基础。在她2001年担任美国劳工部长前，先后担任过旧金山银行副总裁、联邦海事委员会理事长、美国交通部副部长、美国联合基金会主席兼董事长。在此期间，她多次扭转危机，在美国享有很高的声誉。中国与美国的关系历来就非常复杂、敏感，赵小兰却在这个夹缝中游刃有余如鱼得水，这其中必然有她独特的生存之道。当赵小兰回顾自己经历时，归纳了6条人生感悟：①和善待人，有同情心；②不断开阔视野；③不怕失败；④确定人生楷模；⑤包容社会的多样性；⑥时刻勤奋的工作，唯有勤奋可将梦想变成现实。

赵小兰的经历并不是一个传奇，实际上在女性身上看似不好的劣势反而可能是有利于自身生存的优势。拿企业管理为例，据调查显示，在中国，劳动妇女高达几亿人，为自己经营的大约有1900万人，这个数字远远低于中国男性自己创业经营的人数，但统计证实，女性创业者中成功的占其总数的55%，而男性创业者中的成功率仅占其总数的25%。

传说中有一种鸟叫荆棘鸟，它们一生只唱一次歌，从它们离开巢的那一天开始，它们就在寻找一种荆棘树，当它们终于如愿以偿，就把自己娇小的身体扎进所能找到的一株最长、最尖的荆棘上，和着血和泪放声歌唱——那凄美动人、婉转悦耳的歌声使人间所有的声音刹那间黯然失色！一曲终了，荆棘鸟终于气竭命殒、以身殉歌。整个世界都在静静地谛听着，造物主也在苍穹中微笑。因为最美好的东西只能用最沉痛的巨创来换取。

有的女人追求爱情就像荆棘鸟一样如痴如醉、执迷不悟，然而，到最后却让自己伤痕累累。女人一旦爱上一个男人，就会变得多愁善感、脆弱不堪、疑神疑鬼，甚至失去理智、不可理喻；女人一旦爱上一个男人，那种坚持、那种认定、那种执著、那种彻底、那种放弃所有那种不顾一切都到了极致，一种让男人们无法承受的极致。女人当爱情是阳光和空气，是水分和血

液。女人总是在爱情中迷失自己，总是在爱情中掏空自己，为了那个男人可以奉献一切，可以彻底地改变自己，甚至埋葬自己。

月和磊从大学就开始相恋，毕业后，月在一家外资公司里面从事客服工作，磊则在一家IT公司里设计软件。他们两人在第二年就结束了五年的爱情长跑，牵手步入了婚姻的殿堂。颇有能力的磊后来白手起家自立门户，每天忙得昏天暗地，便无暇照顾家里。在他的坚持下，月放弃了前途大好的工作，成了全职太太，全心照顾磊的日常起居。

月牺牲自己的事业前途来换取老公的事业辉煌，但就在他们结婚纪念日前几天，磊提出了离婚，月泪流满面，因为她此时才发现自己所有的奉献都是一文不值的，甚至还是丈夫离开自己的原因。

因为她为了做一个称职的家庭主妇，没有时间来好好打扮自己，没有时间提高自己，也逐渐没有了和丈夫的共同话题。月在那一刻对人生绝望了。因为，长期以来，月把丈夫当做生活的全部，当丈夫提出离婚时，月感到整个世界都为之坍塌了。

心灵感悟：

> 我们知道，女人由于天性柔弱，常常希望遇到一个能为自己遮风挡雨的男人，能找到一个保护自己的宽厚的肩膀。然而，过度依赖男人，结果只能适得其反。只有人格独立的女人，才会得到男人的充分尊重，也才会拥有永恒的吸引力。

女人要有自己的朋友圈

女人们要有自己的社交圈子，不要一谈恋爱就把你的朋友都"贬为庶人"。女人们千万不要沦落到你的手机里面只有男朋友或丈夫的短信息。

这样做是很危险的，好比一个人将所有的鸡蛋都放在一个篮子里，一旦这个篮子发生意外，就会导致严重的后果。女人若想从容、达观地面对婚姻，就不能让婚姻成为你生活的全部，当你将一件事情当做唯一的寄托的时候，就很难用平常心对待它。

　　苏明在与她的丈夫梓轩认识之前，也是有一大堆好朋友的。但自从认识了梓轩以后，她便把所有的心思都放在了丈夫的身上。梓轩有着英俊的外表，儒雅的谈吐，更吸引人的是他还有着许多男人少有的温柔和体贴。和丈夫在一起，让苏明感到非常满足，她觉得自己的世界只要有梓轩就可以了，别的人都显得不那么重要了。有时候，以前的那些朋友约她出去玩她都会找各种借口拒绝，于是渐渐地就没人再找她了，她也就索性把自己封闭在二人世界里，并且在很长一段时间里都觉得相当幸福。

　　然而令她没有想到的是，自己整天围绕着梓轩转圈，不给他留一点自己的时间，这让丈夫感到非常压抑和烦闷。于是，梓轩便会想方设法地寻找各种理由在外面逗留，公司有出差的机会，他也会尽力争取。苏明一个人待在家里的时间越来越多，有时候苏明也会生气丈夫不陪自己，但想到他是为了工作方面的事情而不能陪自己，也就不去责怪他了，加上自己长时间没有和以前的朋友联系过，她的孤独感也越来越重，性情也变得越来越孤僻。随着时间的推移，她与梓轩的交流越来越少，最后发展到只要一提起某个话题，就能引发一场家庭战争。更令她感到痛苦的是，梓轩竟然在外面有了别的女人。她的婚姻濒临崩溃的边缘，这一切都让苏明感到措手不及，她好想找一个人倾诉一下自己的痛苦和烦恼，好想找一个人商讨一下对策，但这个时候，她才发现自己的周围已经没有一个朋友了。

心灵感悟：

　　女人一定要拥有自己的朋友圈，在心灵受到创伤时，在遇到困难挫折时，在遭受巨大的心理压力时，才能得到疗伤的良药。如果有那么几个朋友能和你一起畅谈人生、理想，并为着理想一起奋斗，能在任何时候倾听你的倾诉，能把成功的喜悦和你分享，把酒言欢，那是多么开心的事啊！

女人的经济基础很重要

　　女人想找一个有钱的男人做老公当然无可厚非，许多人也曾说：女人找老公，就是为了一张"长期饭票"。却不知，寻找"长期饭票"也有财务风险，除了要考虑饭票的"有效期限"之外，你也要承受靠外表吸引异性的"折旧"风险。许多年轻女性就曾经以为自己找了个大款，可是到婚后才发现，自己找到的却是个贷款。

　　有一个女孩认识了一个男孩，他是某家公司的总经理，人长得很俊朗，还有房子，这个女孩一看这些基本情况都符合自己的要求，就有点迫不及待，她主动与人家谈恋爱。在这个女孩不太清楚这个男孩真实背景的情况下，这个男孩却看透了它，所以经常编织谎话骗她，告诉她自己如何有实力。于是，当男孩常说公司资金周转不过来向她借钱时，女孩总认为这只是自己的一个小投资，不算什么，她将来得到的远比这些多得多。结婚后她才发现这个男孩的公司只是是皮包公司，并且他还是个赌徒，房子更是早就抵押掉了。这时，女孩悔之晚矣了。

　　女人不应该因为爱一个人的外观条件而和他结婚，而是应该因为人生观、价值观相同而和他结婚。女人愿意嫁给有钱男人的想法没有错，但是嫁给有钱的男人不代表女人可以不工作，财务上不独立，一个完全要老公养活的女人很难说是一个独立的女人。

碧倩在念大学时，是学校的传奇人物，她不仅长得漂亮，而且多才多艺，无论是歌唱、舞蹈还是美术、运动，她都有着超凡的天赋。所有人都觉得她的前途一片光明。可是，几年后，同学们却意外地听到了关于她的负面消息。原来，她把人生的希望都放在寻找多金男友上，指望因此过上天天可以用鱼翅漱口，自己奶油桂花手一指，统统都可以包起来，由老公埋单的生活，所以她坚持"不进修主妇课程，不做家事，不煮饭"。

倩对白马王子的要求很高，但幸运之神却一直没有眷顾她。一般的男性在认识不久后，总是没缘分地打了退堂鼓，寻寻觅觅直到而立之年，才交到一位在证券交易所任要职的男友。神仙眷侣般地生活过了不到半年，男友便开始质疑她为何整天在家不工作，也不做家事，两人开始时有争执。

倩因为把全部的希望都寄托在男友身上，因此一点钱都没有存下来，同时，因为两人的感情基础并不稳固，男友又开始和年轻的女性交往。眼角处已有细小皱纹、脸上肌肤的弹性也大不如前的她，还不愿意接受这样的现实，依旧希望能寻找到她的"救世主"。

女人，应该趁年轻早点开创自己的事业，这才是最明智的选择。

心灵感悟：

女人一定要有一份属于自己的事业，因为只有自己才是最可靠的。一个女人只有在经济上独立了，才会在生活中获得保障。女人首先要独立，才有资格谈感情，如果你不能独立就算有了感情也会半途夭折，因为男人永远不可能把时间花在去等待和改变一个女人

的身上，他还有整片森林，如果你没有独特吸引他的地方，没有足够的把握，请你不要恋爱。那样只会自寻痛苦！女人是水，但不是弱者，那些被感情所伤的女人们，一定要独立，要好好地生活，不能被生活打败。

经济独立给你带来安全感

小楠是一个32岁的全职太太，她的生活令很多人羡慕：有钱，既有能力又疼她的老公在外面打拼生活，为全家撑起一把生活巨伞，让她可以安心自在地相夫教子，发展自己的兴趣爱好，全然不必承担现代生活的巨大压力。但是，现在这一切都改变了，小楠的老公因为在生意上的一次失误遭受了巨大挫败，沉重的压力使得他在一次疲劳驾驶中发生了交通事故，结果车毁人亡。不胜悲伤的小楠在亲友的帮助下处理完了丈夫的后事，强打精神安排今后的生活。

原本，她以为以丈夫生前的收入足以保证她们母子今后的生活，然而在查阅自己家的财产状况和丈夫公司的财务账单时，她又一次遭受了打击，几近崩溃。原来，丈夫几乎把所有的财产都用于投资了，就连自己目前居住的房子都是贷款买的，而公司的投资却陷入困境，根本无法兑现！也就是说，小楠非但没有什么财产，反而担负着50多万元的房贷！已经离开职场多年且没有什么特长的小楠真的不知道应该怎样继续生活了。

张小娴说：白马王子能把你带上马，也能把你扔下马，除非你自己有马，可以跟他齐头并进，或者，比他骑得更快。

曾经在一家宾馆当领班的娟，长得羞花闭月，自打与做电器生意的老板结婚后，她认为已经找到了长期的依靠，结婚后便辞职在家，过起了养尊处优的少奶奶生活。没想到安逸的生活只过了不到4年，后院就起火了。前些日子娟与丈夫吵得不可开交，原因是丈夫到处寻花问柳，最近又瞒着她在郊区买了套房子与情妇同居，并扬言要与她离婚。如今的娟要面对重新就业的挑战，而她在此之前也从来没有为今后的生活作过任何金钱上的准备。

无论什么环境，无论哪个时代，经济独立都是女人享受幸福生活的前提和保障。女人要获得经济上的独立，就必须学会坚强。

心灵感悟：

经济基础是一个女人获得独立和安全感的前提。每一个女孩子都应该拥有自己的事业，享有经济上的独立，命运才不会绝对地掌握在别人手中。否则，一旦失去了往日赖以生存的"依靠"，你将拿什么来面对明天的生活呢？

拒绝暧昧，保护自己

一天下班，上司热情地邀请你共进晚餐，如果你拒绝了无论你的言辞多么委婉，态度多么谦和诚恳，也会伤害到他的自尊心，令他难堪。可如果你不假思索欣然应约，很可能会招来不必要的流言蜚语对你造成伤害。

陈是一家化妆品公司的销售代理，她美丽大方，聪慧能干，业绩也节节攀升，因此很受顶头上司销售部经理胡的青睐。那天，陈遇到了一个要求苛刻的客户，谈判的时候，由于对方把得太狠，使得谈判很快陷入了僵局。但陈没有轻言放弃，而是花了一周的时间，终于和这位客户签订了协议，成功地拿下了这份数额巨大的订单。

下班的时候，胡找她说要为她庆功请她吃饭。陈被胜利的喜悦想也没想

地就答应了。她原以为还会有其他同事，然而到就只有他们两个人。陈觉得有点尴尬，但是也没想太多，饭后，胡又邀请她去跳舞，陈不好过多推辞便答应了，玩得很愉快。

两个人后来胡便经常请陈吃饭、去酒吧、逛公园。大多数都是陈不想去，可是看到他那诚恳的眼神，又是上司的邀请，便不好拒绝。然而这些都没有逃过公司内其他职员的眼睛。陈和上司的一些闲言碎语便在公司铺天盖地地传开。陈苦恼不已。后来流言蜚语传到相爱的男友耳朵里，男友就对她开始怀疑起来，死活要陈辞去工作。为这件事两人经常吵架。

心灵感悟：

聪明的女人懂得在职场生存中变通，要坚守一些自己的原则。正确的拒绝并不是一件坏事，更多的时候能让上司发现你的成熟和做人的原则，会对你敬重，也抬高了你在他心中的地位。

责任心很重要

在大学毕业的时候，同学们都尽力想办法留在了大学所在的城市，但受不了大城市悲惨生存状态的我，还是毅然决然地回到了老家。尽管我知道父母不会给我的就业提供半点帮助，但我还是留在了老家，因为我心里有一种割舍不下的牵挂。在家待业了大半年，遭受了邻里的风言风语之我盼来了政府招录公务员的好消息，我顺利地被录用了。

我被录取的岗位对技术性要求比较强，刚刚进入工作的角色时，我十分不适应，因此经常出现一些差错。刚开始时，领导和同事们对我的差错都持宽容的态度，可是，次数多了，大家都有一些意见了，一次开会时，领导竟然在会上点名批评了我。会议结束后，我忍不住地流下了眼泪，我甚至产生了辞职的念头。正在我暗自神伤的时候，隔壁办公室的同事大李走了来，他边递给我一张纸巾边说，以后在工作中遇到不清楚的就只管找他好。大李的热情举动让我觉得十分感激，让我又对工作重新燃起了希望。

因为有了大李的教导和关照，我慢慢进入了角色，也很少犯技术上的错误了。一天，领导让我和大李代表单位去参加一个为期两天的研讨会，晚餐后无事可做，大李约我到街上闲逛。

陌生的街道上，空气中弥漫着那座城市的市花特有的清香，我的心情放松了起来。我和大李谈起了我的过去，谈起了我生活中太多的无奈，谈起了我对他的感激。大李静静地听着，没有插一句话，似乎生怕打断我的话。突然他把手放到了我的肩膀上，我的心颤动了一下，但是，我没有拒绝，心里反生出一丝丝甜蜜的感觉。

后来，大李建议，我们到附近转转，再好好聊聊，慢慢走着，进了一座茶吧。在茶吧里隐约传来的葫芦丝声中，大李说起了他的不幸生活，说起了他不通情理的妻子，说起他们名存实亡的夫妻感情。我惊异于平时的大李竟然会有如此丰富的情感，我更惊异于像他这样成熟稳重的人会有婚姻的困惑。静静听着他的叙述，我内心产生了一种很奇怪的感觉有同情吧。

后来，我和大李走在了一起。虽然知道他是有家庭的人，虽然知道这种办公室里的暧昧等于玩火自焚，但我还是这样做了。

然而，毕竟纸包不住火，我和大李的事还是被发现了，单位渐渐多了一些风言风语，还有人甚至会当面调侃，或者旁敲侧击。

直到一天下午，他的妻子过来，直接找我对质时，我才知道，出事了。当时，我正在做一份报表，一个打扮入时的女人走进了我们办公室，

大家纷纷站起来跟她打招呼。我正在思量她是什么人时，没想到她径直面前，问我是不是叫虹，我说是的，她二话没说，上来就抓我的头大骂一些'骚货'之类难听的话。领导和同事们纷纷过来拉架，可她打得起劲，并且还大声哭诉起来，说我抢走了她的老公。就在事情闹得不可开交的时候，大李来了。他边向我道歉，边拉着那个女人走出了办公室，我内心十分痛苦。

这天晚上，很少做噩梦的我，晚上做了一个噩梦。

心灵感悟：

在家庭和恋爱基础上的暧昧，既会伤害自己，也会伤害一些无辜的人。所以当暧昧来袭，有责任心的女人会严守自己的操行，会避免给自己和他人带来伤害。